新媒体内容创作与运营实训教程

新媒体对外传播内容制作

王亚宏 张春燕 ○ 著

INTERNATIONAL REPORT

GLOBAL MEDIA

復旦大學出版社

编者的话

互联网与新媒体的蓬勃发展，彻底改变了世界，也改变了传媒。无论业界或学界，传媒业都面临被重新定义和形塑的命运，因应一个时代大课题：生存还是毁灭？

本系列——新媒体内容创作与运营实训教程——就是对这一大课题的小回应。编辑出版这套教程，基于三个设想：

第一，总结并传播新媒体领域的新实践、新经验、新思想，反哺学界；

第二，致力于呈现知识与技能的实用性、操作性、针对性，提供干货；

第三，加强学界与业界、实践与学术的成果转化，增进协作。

为此，本系列进行了诸多探索和尝试：作者群体融合业界行家与学界专家，内容结合案例精解与操作技能，行文力求简洁通俗，体例追求学练合一。

作为创新与开放的新系列，难免有粗陋疏忽之处，敬请读者诸君指正。

目录

推荐序 高岸明 … 1
前　言 … 1

1 新媒体对外传播的原则 … 1
1.1 坚持马克思主义新闻观 … 2
1.2 明确新闻的主体性 … 5
1.3 新闻规律和新形式的对立统一 … 9

2 新媒体对外传播人才的核心能力 … 13
2.1 熟悉国内形势 … 13
2.2 了解国外需求 … 16
2.3 跨文化传播 … 21

3 新媒体对外传播的特性 … 25
3.1 唯快不破 … 25

- 3.2 内容为王 … 32
- 3.3 在现场 … 35
- 3.4 创新传播形式和渠道 … 42
- 3.5 技术引领变化 … 44
- 3.6 提供"付费墙"外公共产品 … 46

4 **新媒体对外传播的选题策划** … 49
- 4.1 争夺国际主流新媒体舆论场 … 49
- 4.2 展示负责任大国形象 … 52
- 4.3 选题策划五步走 … 64
- 4.4 借鉴新的内容生产方式 … 72
- 4.5 了解国外选题思路 … 76

5 **新媒体对外传播的采编技能** … 87
- 5.1 移动优先 … 87
- 5.2 图片使用 … 95
- 5.3 音频创作 … 97
- 5.4 短视频创作 … 100
- 5.5 大数据新闻制作 … 105
- 5.6 出镜与直播 … 107
- 5.7 有效信息筛选 … 110

6 **新媒体对外传播的平台选择** … 113
- 6.1 海外社交媒体建设现状 … 113
- 6.2 "今日俄罗斯"的对外传播经验与教训 … 115
- 6.3 推特新闻制作 … 118
- 6.4 脸书新闻制作 … 126

    6.5　优兔新闻制作　…　131

7　新媒体对外传播的用户运营　…　134
    7.1　用户吸引和留存　…　134
    7.2　用户生成内容　…　145
    7.3　用户分发内容　…　148

8　新媒体对外传播的人工智能应用　…　150
    8.1　人工智能的角色体验　…　150
    8.2　人机结合场景分析　…　155
    8.3　应对深度造假　…　158

结语　…　164

后记　…　166

推荐序

2020年注定将是新中国发展史上一个极其关键的年份,也将是中国对外传播史上具有特殊意义的一年。

岁末年初,一场突如其来的新冠肺炎疫情在世界各地相继爆发。这场自上世纪初全球流感以来人类面对的最严重的传染病大流行,不仅对人们生命财产安全和经济社会发展造成前所未有的冲击,也必将深刻影响中国与世界及世界各国间的关系。病毒不分国界,抗击疫情需要各国相互支持,携手合作。遗憾的是,当新冠病毒在全球蔓延肆虐的同时,一种为转嫁责任和矛盾、掩盖自身失误而攻击抹黑中国的"政治病毒"也广为扩散传播。它混淆事实、传播猜疑、散布谎言、煽动对立,严重破坏了作为各国合作基石的相互理解和信任,也对中国的国际形象造成冲击。

一方面,尽管疫情将一些国家的政治与社会治理体系中的内在缺陷暴露无疑,其党派争斗、领导力缺失、贫富分化、种族对立、民粹泛滥、反科学的偏执等各种社会矛盾的集中爆发导致其在疫情防治中失误频出、效果欠佳,但由于其掌握强势的传播渠道与话语建构,通过对中国实施标签化、污名化的攻击抹黑与意识形态化的情绪煽动而误导了大量普通民众,导致中国的涉疫信息发布、抗疫叙事、国际援助,特别是中国做出的巨大奉献和牺牲难以真正抵达海外受众,未能有效实现对国际舆论的引导。

另一方面,疫情不同于一般事件,它造成了数十万鲜活生命消失,其损失不是冰冷的数字可以计算的。对于失去亲人的家庭,对于失去工作、财产受损、生活受困的人们,在别有用心的煽动下,是有可能对中国发生误解及产生对立情绪的。目前来看,涉疫国际舆论已呈现出极度撕裂的格局,其影响之广泛、深远,非一般突发事件可比,也为百年未有之世界变局进一步增加了复杂性与不确定性。

借疫情对中国的攻击抹黑不过是近些年一些西方势力编造的所谓"中国威胁论"的升级版。面对一个与自身制度不同、发展道路迥异的大国不断崛起,这些西方势力为维护自身在国际事务中的统治地位,在政治、贸易、文化、技术、价值观等各领域掀起一轮轮打压遏制中国发展的浪潮。

疫情给中国的国际传播固然带来严峻挑战,但也提供了建设中国话语的重要机遇。面对海外势力的攻击、造谣,我们要保持定力,把握大局,以我为主,开放自信,主动作为,趋利避害。一方面,要坚持中国视角,全面准确地讲好中国的抗疫故事,实事求是地分享中国经验,生动展现中国"和而不同"的价值观和与人为善的诚意,在此基础上建设中国特色的抗疫叙事与国际话语;另一方面,要有全球视野和人类情怀,坚持开放心态,将心比心,理解对方,善于沟通,效果导向,努力实现传播内容入耳、入脑、入心,以在国际上争取更多的理解和支持。

如果说建立在移动互联网基础上的新媒体近些年来在传播领域不断攻城略地,已经成为人们获取信息、交流思想的首选媒介,此次疫情更是将新媒体与云传播的作用提升到新的维度。新媒体不仅成为居家隔离的人们获取新闻、与外界保持沟通的主要手段,各类云平台更几乎成为人们远程办公、学习、消费、娱乐的唯一方式。如何用好新媒体、大数据、云计算、人工智能等技术手段讲好中国故事,讲明中国道理,讲清中国价值,实现中国叙事更有效的国际传播,成为各类主体面对的紧迫而艰巨的任务。

为此，各类新媒体需要精心设置议题，既要坚定文化自信，"自美其美"，真实立体全面地讲好中国主题故事，更要开放包容，聚焦中国与国际社会的共同关切，"美人之美""美美与共"，形成有效对话与交流，从而实现"天下大同"。新媒体还需要创新讲故事的理念、形态和方法，用人性的视角、平实的语言、科学的态度和真挚的情感，生动呈现中国的善意与付出，让海外受众愿意看、看得懂。唯其如此，才能有效扩大对外传播的影响力和感召力，构建中国的话语与价值体系，为中国的发展创造有利的国际舆论环境。正是在这个意义上，本书正当其时，为国际传播领域的从业者提供了一部理论指南与行动宝典。

在新环境下做好新媒体对外传播，说到底还是人才的竞争，急需具备综合素质、适应国际话语体系的复合型人才。他们不仅需要深谙国情，全面了解中国制度、中国道路、中国文化、中国价值，还需要准确把握海外受众的需求，用兼容并蓄的眼光和开放务实的心态与世界交流互动，真正做到融通中外；不仅需要有新闻报道和内容策划能力，还需要熟悉各类新媒体产品的制作；不仅需要懂得新闻规律和媒介知识，还需要懂得国际表达和"实战"方法。本书作者王亚宏和张春燕正是通过梳理他们在对外传播领域的大量新闻"实战"经验，为培养这样的综合人才提供了指导和借鉴。

我与本书作者相识已近20年，其间因工作上的交集而互动频繁，亲眼目睹作者从初入道者逐步成长为国际传播与新媒体领域的中间力量和领军人才。无论是在国内工作还是海外驻站，无论是在编辑大厅指挥团队还是深入一线采访报道，无论是撰写文稿还是制作多媒体产品，作者的勤奋、好学、敬业、坚持、善于思考、勇于创新的品质和态度都给我留下了深刻的印象。当作者邀请我为本书作序时，我欣然接受。细细品读本书，我对作者就国际传播领域的深入思考、对媒体与技术发展趋势的洞察、对新媒体实操领域的系统把握等都有了更加深刻的认识，本人也从中深受启发，获益良多。

本书最大的特点在于理论与实践的紧密结合。它既不同于学院派的理论著述，也不是一般意义上的新媒体制作手册，而是将作者20年来在中国顶级媒体新华社、《中国日报》从事国际传播工作的丰富实战经验加以梳理、提炼、升华后，用以指导新媒体海外传播实践。作为资深媒体人，两位作者在报纸、网站和新媒体领域都积累了扎实丰富的实战经验，特别是在英国伦敦担任驻外记者期间，广泛接触政商学界人士和普通民众，从白金汉宫到维多利亚火车站，从唐宁街 10 号首相府到特拉法加广场，都留下了他们辛勤工作的身影；从文字采写、新闻摄影到视频制作，他们在对外报道的一线和新媒体传播的风口上下求索，寻找"中国故事、国际表达"的最佳方式，为及时有效发出中国声音付出了自己艰辛的努力。回国后他们继续深耕新媒体对外传播，将经验和思考应用到更多产品的策划和制作中，用形式多样的新媒体产品继续讲述中国故事。

面对国际传播格局与技术迭代的革命性变化，作者顺应媒体融合发展趋势，为守住并拓展传播阵地提供了翔实的操作步骤与具体办法。这里有新媒体对外传播的诸多具体案例分析与总结，有突发新闻推送与跟进报道的策划与操作流程，有海外社交媒体的新闻制作方法与运营模式，有国际主流媒体的新媒体传播分析，还有大数据与人工智能的新闻运用等等，从实际操作层面为读者提供详细和具体的指引。

新时代的国际传播一直在路上。希望有志于新媒体传播的"后浪"们能从本书中汲取经验，增强实战本领，在传播技术日新月异的飞速发展中乘风破浪、直济沧海，让中国声音在国际上传得更广、更响，为建立平等公正、开放包容的人类命运共同体做出自己的贡献。

高岸明

中国外文局副局长兼总编辑

2020 年 7 月 20 日

前言

如果媒介研究大师马歇尔·麦克卢汉死而复生,来到 2019 年 2 月的巴塞罗那,他或许会被在那里举行的世界移动通信大会(MWC)上展示的新技术惊得目瞪口呆。虽然说麦克卢汉一直是位技术控,始终关注媒介技术发展与人类社会变迁之间的关系,但是传媒技术的跃迁式进步,已经让传媒业态发生了巨大的变化。麦克卢汉以前可以用"冷和热"来区分媒体,可在新技术革命带来的变迁下,现在的媒体环境已经从"冷和热"进一步发展到"生与死"的地步。

每个媒体行业的从业者和打算进入这一行业的大学生,都不得不面对这个哈姆雷特式的问题,而且令人遗憾的是,有的人没有主角的命,还得了主角的病,像哈姆雷特一样容易在变局前感到彷徨乃至惊恐,以至于做出错误的选择。怎样避免哈姆雷特那样的悲剧,是每个传媒行业的人都应该思考的问题。

对新闻传播专业的学生来说,年轻人应该是思维最活跃的群体,也最容易在传媒技术的迭代中站在潮头。可如果他们在课堂里所学的知识,和麦克卢汉时代区别并不是太大,当所学的技能与实践不能完全挂钩,那么这类"屠

新媒体对外传播内容制作

龙技"在残酷的媒体变局中并没有非常现实的意义。如何将"屠龙技"转化成"战地生存手册",关键的一点是与时俱进,即从实践中来,到实践中去。

本世纪以来的二十年中,媒体实践发生了两大显著的变化,一是全新媒体打造出新业态,二是对外传播提出了新要求。"战地生存手册"就要重点描述这两方面的"战场"、最新的变化以及如何在"战场"中具体操作,游刃有余。

新媒体的"新"发端于新技术,传播于新渠道,展现于新内容,落脚于新读者。对于媒体来说,"新旧"是相对的概念,广播对于报纸是新的,电视对于广播是新的,互联网对于电视来说也是新的;而目前的一波引领浪潮则是由移动互联技术带来的,在手机等智能移动设备上展示信息,将文字、音频、视频、社交等多种内容整合在一起,打破时间和空间的限制,让新闻信息的传播无处不在,触及的受众也遍布方方面面。

"内外"同样是相对概念,随着中国在复兴之路上的迈进,如何在海外讲好中国故事,打造全面的中国形象,是"软实力"的重要组成部分。之前的媒体传播大部分是面向国内受众,而在转向国外受众时,从最基础的语言习惯到更深入的传播规律、阅读习惯等方面要有相应的调整,才能达到更好的国际传播效果。

传统的"新旧""内外"的藩篱也在被技术的进步打破,在移动互联的传播中,民族国家、语言文字等差别在被填平。当一段刷屏的微视频在网上疯狂流传的时候,从北京到孟买,从内罗毕到芝加哥,不同地区的受众都会毫不吝惜地为其点赞。因此,怎么创作出符合新媒体对外传播规律的优质内容,对每个致力于从事对外传播工作的人,都是一大挑战。

这种挑战还会随着技术的进步不断更新,比如说在 2019 年初的世界移动通信大会前,华为和三星等移动终端制造商陆续推出了基于柔性屏的可折叠手机。目前新媒体内容的展示,都是基于平板式触摸屏开发的。如果在未来三四年里,大家的手机都换成了双屏显示,那么阅读的习惯和内容的编排都会有新的变化。而且,现在运用越来越多的 AI 主播和新闻集成,如何在新平台上发挥更大的效果,也是人们正在摸索的课题。

虽然从传统的眼光看，做传播工作的人去花大力气研究从人工智能到大数据再到移动终端，似乎有些怪异，但这正是新媒体时代对外传播创作的必然要求。

麦克卢汉当年已经看到了开头，大家现在要用行动书写接下来的内容。

1 新媒体对外传播的原则

新媒体对外传播是国际传播和新媒体报道的交叉领域,也是一个相对新兴的领域。

新中国成立初期,新华社、中央人民广播电台的国际广播编辑部(即中国国际广播电台前身)、外文刊物《中国报道》等增强了世界对新中国的了解。[①] 20世纪80—90年代,《中国日报》等主要对外传播机构相继成立,为中国拓展海外传播阵地、走向世界舞台奠定了基础。随着中央电视台陆续推出英语新闻、英语国际频道,中国的英语电视时代就此开启。

20世纪90年代中期,高速、便捷的互联网在全球逐步兴起,中国的对外传播也紧跟时代潮流,开始向互联网过渡。1995年12月,《中国日报》推出网络版,这是对外传播媒体上网运行的第一家。

21世纪第一个十年,中国积极推动国际传播能力建设,而全球智能移动终端的普及和社交媒体的活跃,给新媒体对外传播开辟了一片新大陆。无处不在的传播媒介打破了人们信息获取的樊篱,颠覆了传播方式,新闻产品也

---

① 索格飞、郭可:《新中国成立70年来对外传播的变化与发展》,《对外传播》2019年第6期。

突破了文字和图片的传统形式,以音频、视频、动画等多种载体融合的方式表现出来,给世界传媒格局带来深刻变革。

2009年9月,《中国日报》客户端率先登陆苹果应用商店(App Store)。这一时期,《人民日报》、新华社、中国国际广播电台、《中国日报》等主流媒体开始广泛运营海外社交媒体平台如脸书(Facebook)、推特(Twitter)、优兔(Youtube)等,粉丝数量不断增加,拓展了我国对外传播新场域。2016年12月,中国国际电视台(CGTN)成为全新起航的国际传播旗舰平台,涵盖了电视频道、海外分台、视频通讯社和新媒体集群,并在全球十余个海外社交平台运营有数十个账号。

改革开放40多年来,中国各方面取得了举世瞩目的成绩,综合国力和国际地位不断提升,中国正经历着历史上最为广泛而深刻的社会变革,也正在进行着人类历史上最为宏大而独特的实践创新。作为经济全球化和多边主义的坚定维护者和倡导者,中国在国际舞台上备受瞩目。世界期待中国在全球治理体系中发挥更多作用,也比以往任何时候都更需要了解中国。

日益开放的中国成为全球关注的焦点,与世界的互动也越来越密切。过去,全国两会等会议主要是中国国内重要的政治事件,近年来越来越受到境外媒体的密切关注,注册媒体及记者数量屡创新高;同时,对于世界各地发生的热点新闻事件,中国的立场和观点也变得越来越受关注。

中国的新媒体对外传播迎来了发展的黄金时期。除了主流媒体积极加强国际传播能力建设,各级各地政府、企业、机构、组织、个人等也纷纷加入对外传播的大潮之中,打造各种形式的产品,出现了类似李子柒这样颇具海外影响力的短视频网红。移动互联网和各类社交媒体平台使得传播主体更多元,内容和表达方式更丰富,信息传播速度更快,传播范围更广。在摸着石头过河的实践中,新媒体对外传播逐步总结出实际操作中应该遵循的基本原则。

1.1 坚持马克思主义新闻观

新闻观是新闻舆论工作的灵魂,实实在在地支配着人们的新闻实践活动,每一个新闻工作者都绕不开新闻观。由于新闻观不同,人们会产生不同的选择,导致不同的结果。不管是否明确地意识到,人们对新闻的选择、加工、传播、评价行为,总是在一定的观念和价值取向指导下,受新闻观支配。

马克思主义新闻观是以马克思主义世界观和方法论为指导、以代表最广大人民的根本利益为基本导向的新闻观。马克思主义新闻观坚持党性与人民性相统一、理论与实际相统一、弘扬主旋律与提倡多样性相统一、正面宣传与舆论斗争相统一等根本原则,是指导新闻舆论工作的科学理论武器。

习近平总书记在党的新闻舆论工作座谈会上指出:"在新的时代条件下,党的新闻舆论工作的职责和使命是:高举旗帜、引领导向,围绕中心、服务大局,团结人民、鼓舞士气,成风化人、凝心聚力,澄清谬误、明辨是非,联接中外、沟通世界。"[①]这是对新闻舆论工作职责使命作出了最集中、最鲜明的概括,体现了时代和形势发展对新闻舆论工作提出的新要求,指明了新时代新闻舆论工作的努力方向。

过去十多年里,中国加大了国际传播的力度和广度,在提高国际话语权方面取得了重要进展,但同西方国家相比,中国的舆论影响力还有不小的差距。国际舆论格局仍然呈现"西强我弱"的态势,中国媒体对外传播能力总体来说还不够强,在舆论场上发出的声音总体还比较弱。中国在世界上的形象很大程度上仍是"他塑"而非"自塑",中国的真实形象和西方的主观印象一直存在着"反差",中国在国际上有时还处于"有理说不出、说了传不开"的境地,有些特别想让海外知道的信息没能广泛传播开来,有时候则是被西方媒体的报道先入为主地误导和误读。因此,提升中国话语的国际影响力,新媒体对外传播首当其冲,任务艰巨。

在进行新媒体对外报道过程中,坚持马克思主义新闻观尤为重要。只有坚持马克思主义新闻观的"定盘星"作用,才能让对外传播保持定力、有的放矢,不被西方新闻观误导和影响,看懂西方媒体在报道中的双重标准。例如,

---

① 《习近平谈治国理政》第2卷,外文出版社2017年版,第332页。

多年来,部分西方媒体对中国的报道会习惯性地带着偏见和歪曲,当中国遇到一些重大事件时,西方某些政客和媒体会抛开客观、真实、平衡的原则,对中国的形象进行污名化。

2020年,在全球抗击新型冠状病毒肺炎疫情期间,世界卫生组织给病毒有专门的命名,而且强调命名病毒是有原则的,为防止污名化,不允许把病毒跟特定的地方、国家和民族、群体、个人联系起来,甚至不能跟特定的动物联系起来。2009年的(甲型)H1N1流感大流行起源于北美,全球并没有称它为"北美流感"。但是,西方一些政客和媒体却把新冠病毒同中国相联系,称之为"中国病毒""武汉病毒",甚至"功夫病毒",还将本国抗疫不力的责任推给中国,对中国搞污名化。

同样是不得已采取了"封城"措施来控制疫情的蔓延,美国《纽约时报》2020年3月8日在海外社交媒体平台连续发布推文,认为中国"封城"是"给人民的生活和个人自由带来了巨大损失",而意大利"封城"之举则是"冒着经济风险遏制欧洲最严重的新冠肺炎疫情"。两条帖文发布时间仅相隔20分钟,双重标准可见一斑。

因此,必须牢牢贯彻马克思主义新闻观,才能坚定方向、明辨是非、以我为主,在报道中不被西方媒体带节奏、乱步伐。

近年来,中国是国际舆论场上的热词,世界对中国的关注度以及中国媒体的能见度比以往任何时候都高。但是,中国面临的压力也是最大的,以美国为首的西方关于中国的负面舆论更加复杂、更加尖锐、更加直接,有时显得更为急迫、更加险恶。正因为取得了震撼世界的发展奇迹,在仍然充满歧视和偏见并很大程度上仍然由西方主导的国际舆论舞台上,中国必然受到不同以往的围堵。①

要在重重舆论包围中发出自己的声音,就要坚持马克思主义新闻观,积极主动做好新媒体对外传播工作;要始终站稳立场,把握大势,在国内、国际

---

① 周树春:《自觉把握新时代国际传播的特征规律》,《对外传播》2020年第1期。

新闻大事件发生的时候积极开动脑筋,主动策划,做好议题设置,力争把握舆论的主动权和主导权;要始终保持冷静和严谨,尤其在突发新闻发生的时候坚持真实性原则,面对移动互联网带来的海量信息保持冷静,不能只为了新媒体报道求快就立刻发布,一定要核实核对,确保在真实准确的基础上展开快速、有序的报道,以多种形式和形态来呈现;要始终把握好导向,对于近年来颇受海外用户欢迎的短视频、动图等新媒体形态,不能为了吸引眼球、提升关注度就不顾内容导向,陷入哗众取宠的深渊,失去媒体的责任感;要始终找准切入点和着力点,抓住时机、把握节奏、讲究策略,体现时度效要求,为中国营造良好的国际舆论环境,主动向世界介绍中国,达到联接中外、沟通世界的目的。

1.2 明确新闻的主体性

新媒体对外传播中要始终明确"为谁说话,说什么话"的问题,简而言之,就是讲好中国故事、传播中国声音。

讲故事是对外传播的最佳方式。作为文明古国,中国的发展历程波澜壮阔,历经了各种艰难险阻。新中国成立70多年来以及改革开放40多年来的伟大变革,中国向世界展现了精彩发展的篇章,实现从"站起来""富起来"走向"强起来"的飞跃。与此同时,当今世界,资本主义制度依然占据主流,中国特色社会主义的成就让外界情绪复杂,既好奇又不甘。正是基于这个现实,讲好中国故事的难点和挑战是:在多数国家不实行社会主义制度、可能对社会主义还存在一些误解的情况下,如何讲好中国特色社会主义的成功故事,[①]展现真实、立体、全面的中国,让外国受众愿意听、听得进、听得懂。

从传播心理学的角度来看,一般个体大多不希望轻易被主观目的性很强的宣传、灌输内容所说服,西方民众更是对具有传统宣传意味的内容怀有警

---

① 周树春:《自觉把握新时代国际传播的特征规律》,《对外传播》2020年第1期。

惕。所以,现代媒体注重双向传播而不是单向的宣传,传播更强调互动、平等、沟通、互利,才能更容易为大众所接受。对外传播要讲好中国故事,就要以平等的姿态来讲述中国故事,避免"打官腔",及时提供真实客观、观点鲜明的信息内容,有生动性和互动性,提高信服力和传播效果。

2019年5月,中美两国女主播"跨洋对话"成为全球高度关注的一大话题。美国福克斯商业频道(Fox Business Network)主播翠西·里根和中国国际电视台(CGTN)主播刘欣在社交媒体推特上"隔空约辩",之后两人在节目直播中就中美公平贸易、知识产权、关税等多个话题展开对话,引发国际媒体广泛报道。两家电视台这期节目的收视率达到历史高点,世界各地的观众通过电视、新闻客户端、网站和社交媒体等平台观看了直播。刘欣的冷静阐述和平等对话态度赢得了翠西和国际观众的好评,翠西发推文特别阐明:"不是电视上的一切都必须是场'唇枪舌剑'……当涉及国际问题时,对话和讨论是寻求前进的一个非常重要的途径。刘欣是一个有思想的嘉宾。"美国佐治亚州州立大学助理教授玛利亚·瑞普尼科娃在接受《纽约时报》采访时评价这场辩论说,"(我)看到一个人说一口流利的英语,并以一种开放和雄辩的方式回答问题,这与大多数美国人所习惯看到的中国不大相同",并表示"这展现出了中国的开放"。[1]

在对外传播中,由于中外国情、文化等存在诸多差异,在传播时要注重人性的共同点,减少大而空的宏大叙事方式,从个体的真实经历出发讲故事,有助于弥合中西方文化差异造成的沟通鸿沟。比较理想的做法是通过能引发共情的小切口故事,把中国道路、中国理论、中国制度、中国精神、中国力量巧妙地寓于其中。例如,中国社会在发展中发生的各种生动故事,尤其是那些与世界其他国家和地区发生的、能够体现人类共性的故事,让外国受众听有所思,看有所得。讲述的故事既要体现中国特色、中国风格,又要充分体现对人类共同命运和全球事务的认识、思考和担当,还要找准中国与外部世界的

---

[1] 曾祥敏、刘日亮:《2019年中国媒体融合发展综述》,《中国新媒体研究报告2019》,人民日报出版社2019版。

话语共同点、情感共鸣点和利益交汇点,贴近外国受众的思维方式和语言习惯。

2020年全国两会期间,《中国日报》在英文网站和客户端推出了《美国小哥的两会观察》视频节目(Video: Poverty alleviation top of agenda at two sessions)①,由该报的美籍记者出镜,从四川悬崖村的小切口故事入手,通过悬崖村村民过去只能爬危险的藤梯上下山到终于修了钢梯、村民搬了新家的鲜明对比,层层展开,讲述中国如何实施因地制宜的扶贫政策,帮助农村贫困人口在2020年实现脱贫,消除绝对贫困,即使受新冠肺炎疫情影响,中国政府也承诺完成这一目标。改革开放几十年来,中国有7亿多人脱离贫困,中国成为世界上减贫人口最多的国家,对全球减贫贡献率超过70%②,在国际上获得普遍赞誉和认可。因此,这个视频通过外国人视野来讲述消除贫困的故事,找到了一个能引起海外关注的共鸣点,毕竟消除贫困一直是全球性的话题,中国农村民众脱贫的场景对比真切而生动,容易让海外受众印象深刻;而且,把"中国故事"作为一种带有世界意义的叙事,投射到更宏大的全球消除贫困的历史背景之下,让外国受众明白,中国政府是在扎实努力地改善民众生活,为人民谋幸福,中国的扶贫之路是结合本国国情和需求一步步探索出来的。中国在这条道路上每前进一步,都对人类发展和文明具有广泛的意义。

从讲中国故事的内容来说,新媒体丰富多彩的展现形式和手段,如直播、短视频、动画等,给了讲故事更广泛灵活的舞台,既可以讲好中国过去的故事,讲清楚博大精深、渊源流长的中华民族优秀文化和历史传统,讲清楚中华文化积淀着中华民族最深沉的精神追求,讲清楚中国特色社会主义植根于中华文化沃土,体现中国价值观念的深厚文化底蕴、特殊国情和历史传承;也能讲好中国现在的故事,讲清楚中国特色社会主义取得的伟大成就,讲清楚中国人奋斗圆梦、不懈努力的点点滴滴;讲好中国未来的故事,讲清楚中国走和

---

① http://www.chinadaily.com.cn/a/202005/27/WS5ecdc75ea310a8b241158bf3.html。
② 《发展权:中国的理念、实践与贡献》白皮书,国务院新闻办,2016年12月1日。

平发展道路的负责任大国形象,讲清楚人类命运共同体的休戚与共,讲清楚中国在世界上不称霸,但又有自己的责任与担当。

不管讲什么样的故事,都要处理好"陈情"和"说理"的关系。讲故事就是讲事实、讲形象、讲情感、讲道理,讲事实才能说服人,讲形象才能打动人,讲情感才能感染人,讲道理才能影响人。围绕"中国故事",在展示生动形象、加深感性印象的过程中,还要推动国际受众确立从感知到认知、从认知到认同的理性认识。说到底,"中国故事"背后其实体现的是"中国道理",生动诠释的是"中国制度"。

发挥对外新媒体报道的主体性,就要善于发掘西方媒体刻意回避的事实,发出自己的声音,不做西方媒体的传声筒和西方观点的搬运工,而是要勇于亮出自己的立场,有利、有礼、有节地批驳西方的不实言论。在许多国际热点问题报道中,尤其是涉华报道方面,不但要旗帜鲜明发出中国声音,放大中国主张,还要主动引导国际舆论,为中国的发展营造出良好的国际舆论环境。

2017年5月,在"一带一路"国际合作高峰论坛召开之际,针对西方媒体对中国"一带一路"倡议的误读和唱衰,新华社推出英文评论《中国"一带一路"倡议是披着外衣的霸权主义?》(Commentary: Is China's B&R Initiative Just Hegemony in Disguise?)①,以国家站位和全球视野,结合中国外交政策和"一带一路"倡议,深入调研,有理有据地驳斥海外妄称中国利用"一带一路"谋求地区霸权或搞新殖民主义,强调倡议绝非中国寻求霸权的工具,而是在合作共赢基础上追求共同发展,构建人类命运共同体。稿件被路透社、英国《卫报》《每日邮报》和新加坡《海峡时报》等数十家海外主流媒体转引。路透社在转引时说,新华社英文评论回应了某些西方国家对"一带一路"的保留意见。《卫报》《海峡时报》等引用说,"一带一路"倡议现在不是、将来也不会是隐蔽的新殖民主义,高峰论坛"不是宣称新霸权的场合,而是结束旧霸权的机会"。

---

① http://www.xinhuanet.com/english/2017-05/13/c_136279650.htm。

在解读中国方案、中国实践、中国制度上，中国媒体最熟悉情况，应该最有发言权，因此要充分发挥发言的效果。中国的对外开放影响世界，世界也有更多了解中国的需求。这种前无古人的伟大实践，给新媒体对外传播提供了强大动力和广阔空间。在全面对外开放的条件下，以新媒体形式做对外传播，一个重要任务就是引导人们更加全面客观地认识当代中国、看待外部世界。

如今，新媒体的对外传播力很大程度上决定着中国媒体对外的影响力。要在中国道路、中国理论、中国精神、中国制度等重大问题的对外传播上掌握舆论主导权，在移动互联网平台上阐释中国特色，创造于我有利的舆论环境，让世界认识一个立体化、多维度、多色彩的中国，让全世界都能听到并听清中国声音。

而且，新媒体对外传播要不断总结，用中国理论对中国实践做出科学的阐释和说明，将中国经验上升为系统的概念体系和知识范式，为解决人类面临的共同难题给出中国方案，更加鲜明地展示中国思想，更加响亮地提出中国主张。

1.3　新闻规律和新形式的对立统一

新媒体的广泛运用改变了新闻报道的表现形式，移动互联网已经成为舆论斗争的主战场，新媒体成为对外传播的重要渠道。

移动互联网的发展带来了许多新的媒介形式，各种新技术、新平台、新应用层出不穷，网络空间成为各种势力争夺的重要阵地，社交媒体成为社会热点事件的重要信息来源。

由于信息生产和内容制作技术的便捷，以及信息发布渠道的多元，各种各样的新闻信息、观点意见以快捷、平等、交互、个性化的方式流动，原有新闻媒体信息生产和发布的垄断性地位被撼动和改变，媒体格局、舆论生态、受众需求和传播方式等都发生了变化。

新媒体对外传播内容制作

就对外传播来说,内容制作方面的专业标准和规范并不会变,只是要求更高、更多元。新媒体对外传播产品的真实性、及时性、互动性、立场观点、呈现效果、文化认同等核心要素,仍是高质量的新媒体产品区别于其他产品的界限。无论传播形式怎么创新,媒体形态怎么变革,从传播的主体看,内容为王、内容制胜始终不变。中国媒体想要扩大传播影响力、增强话语权,关键还是要以创新内容生产为核心竞争力,讲好中国故事,增强中国价值观念的吸引力。在新媒体对外传播中,内容的权威性和准确性不仅不能少,而且要不断用好用活,借助新媒体的传播特点和优势,不断打造现象级的精品内容,以中国故事吸引世界对中国价值观念的关注、理解和认同。

近年来,一些比较有代表性、有亮点的新媒体对外传播产品,首先都是有了精心策划的内容,然后才借助不同的表现形式如短视频、直播、数据可视化、动画以及 AI 运用等,通过新媒体平台对外传播。

例如,中国国际电视台(CGTN)充分利用大数据,推出了不少可圈可点的交互可视化产品:《为人民》(Who runs China?)用详尽的大数据从性别、年龄、教育背景、民族等各方面对近 3 000 名全国人大代表信息进行了分析和可视化呈现,这种"精准画像"有助于海外读者了解中国的政治制度;[①]《"规划"里的中国》(Designing The Future)[②] 把 1953 年以来的国民经济和社会发展五年规划纲要(简称"五年规划")36 万多字的资料和数据进行梳理和解读,可视化呈现每个规划中的高频词、不同历史阶段重要经济政策的出发点和目标,以及工业、农业、民主与法治、公共卫生、生态、外贸、科技等各领域之间的关系和规律。这些简洁明快、视觉炫酷的交互产品都是源于用心找适合对外传播角度的内容策划。

新媒体对外传播的产品制作,要在尊重新闻传播规律的基础上,不断创新对外表达方式,采用融通中外的方式,将中国想说的内容和外国想听的内容结合起来,坚守新闻专业标准,提高对外传播的专业化水平,产品水准有质

---

① https://news.cgtn.com/event/2019/whorunschina/index.html。
② https://news.cgtn.com/event/2020/Designing-The-Future/index.html。

的提高,真正实现在国际舆论场上"出圈",掌握舆论主动权和主导权,让中国的声音传得更开、更广、更深入。

新媒体对外传播的形式和手段创新,要密切关注业内动态和形势。全球移动互联网行业飞速发展,中国的新媒体对外传播要积极主动适应新技术、新趋势的要求,强化互联网思维和一体化发展理念,推动各种媒介资源、生产要素有效整合,推动信息内容、技术应用、平台终端、人才队伍共享融通,创新表现形式。

新媒体对外传播的目标,要朝着精准传播和效果最大化去努力。从不同文化圈、地缘政治版图、社会形态和国际组织等多个维度,全面、深入、细致研究传播对象,了解不同国家、地区、组织和群体的历史文化背景、民族宗教习俗、思维方式、生活习惯、意识形态、价值观念、社会制度、行为方式和利益诉求,进行跨文化思考和换位思考,找到彼此之间的文化和价值共识、利益诉求和现实需求,然后在此基础上制定不同的传播策略,提高中国话语权,实现新媒体对外传播的效果最大化。

新媒体对外传播的平台,要"多手抓、多手都要硬",积极用好自有平台和拓展形式多样的渠道。首先,要以我为主,集中优势资源,坚持大力发展和用好自有平台,比如中国媒体自己的英文新闻客户端、多语种网站,这些平台的自主权永远在我们自己手中,不会受制于人;其次,要善用活用国外主流社交媒体平台,除了目前运营和用户量比较广泛的脸书、推特、优兔等平台,还要不断拓展抖音海外版(Tiktok)、照片墙(Instagram)、领英(LinkedIn)、连我(Line)等平台,打通更多内容传播途径;最后,要不断研究海外落地平台,联手具有较强国际影响的外部渠道,比如一些中国媒体网站与海外主流媒体网站达成内容互换协议,让新媒体产品在海外落地传播。

新媒体对外传播的人才培养和储备,要从学校就开始,多给年轻人新闻"实战"机会,让他们去体会如何借助新技术和新媒体形式,创新对外传播方式,真切感受如何通过一部短视频、一个小动画等形式去讲好某个小切口的中国故事,培养对外沟通的基本功。

只有将新闻传播规律与新媒体日新月异的发展相结合,通过多角度、多方位发力,打造融通中外的新概念、新范畴、新表述,才能让中国故事讲述得更精彩,中国声音传播得更响亮。

2 新媒体对外传播人才的核心能力

>>>

随着网络将世界变成"地球村",在传播方面"国际新闻国内化,国内新闻国际化"的双向互动已经成为对外新媒体报道中的明显特点。之前国内、国外报道分别策划,在新媒体的平台上,两者能够统一起来,避免之前两套策划制作机制的扯皮打架,实现增效不增负。

2.1 熟悉国内形势

从事新媒体对外传播必须立足中国大地,"形于中"而"发于外",解读中国实践,讲好中国故事,不断增强主体性、原创性。

新媒体对外报道要有明确的立场和出发点,即用新技术和新形式来对外塑造并展示中国客观立体的国家形象。围绕国外对中国的关切,主动设置议题,与"中国称霸论""中国威胁论""中国崩溃论"等不利于我的舆论做积极斗争。在新闻产品中要突出中国视角,从维护中国国家利益出发,充分报道中国走和平发展道路、打造人类命运共同体的主张,增进国际社会对中国的理解和支持。报道西方媒体刻意回避的事实,发出与西方不同的声音。

新媒体对外传播内容制作

新媒体的对外传播可以从以往的对外传播中汲取经验。对外传播并非近年来才有,新华社英文每日电讯1944年9月1日正式开播,在延安的窑洞里用莫尔斯信号向美国旧金山发出了第一条英文电讯,[①]虽然当时负责英文电讯工作的只有四个人,主要设备是一台勉强可用的1 000瓦发射机和一部手摇马达,但这改变了当时世界对抗日战争的了解只能依赖日方片面宣传的局面。当时对外传播肩负着三大任务:向全世界人民介绍解放区的真实情况,宣传中国共产党的方针主张,促进世界反法西斯战争的胜利。

在20世纪80年代前,对外传播虽然已经存在,但处于"游击战"的阶段,对国内重大事件进行报道,以用文字和图片呈现的要闻和动态为主。当时制定的对外传播中"内外有别""以理服人""面向中间群众"等一系列指导思想至今适用。

但当时的对外传播也存在一些缺陷,长期在中国宣传阵线服务的外国专家伊斯雷尔·爱泼斯坦就曾在评论一条稿件时指出,"一般外国读者对干部、党的基本路线、社会主义觉悟等概念都不甚了解"。[②]

20世纪80年代随着改革开放的推进,中国既要多了解世界,也要让世界多了解中国,对外传播进入了"阵地战"阶段。在一些重大国际事件上也要体现中国视角,发出中国声音。当时的发展路径是首先在第三世界占领一些舆论阵地,然后把阵地扩展到第二世界。[③]

对中国偏见很深的西方媒体,播发捏造的和制造混乱的消息是常有的事。对外英文报道需要与之短兵相接,针锋相对。1997年,美国众议员佛兰克·沃尔夫在华盛顿国家新闻俱乐部发表歪曲中国西藏政策的演说,掀起又一股反华恶浪。新华社对外部马上着手组织两篇重头稿件,对外阐述中国在

[①] 严文斌、倪四义:《第一时间发出中国的声音——新华社对外报道探索与实践》,《对外传播》,2008年第11期。
[②] 伊斯雷尔·爱泼斯坦,男,1915年4月出生于波兰。1937年抗日战争爆发,爱泼斯坦任美国联合社记者,毅然奔向抗日前线,报道了著名的台儿庄会战。1951年应宋庆龄之邀,爱泼斯坦克服重重阻力,由美国绕道波兰回到北京,参加新中国对外传播刊物《中国建设》(后改名《今日中国》)的创办工作,先后任该杂志执行编辑、总编辑。2005年5月26日在北京逝世。详细情况见国家外专局网站介绍:http://www.safea.gov.cn/content.shtml?id=12748282。
[③] 1985年6月29日,时任新华社社长穆青在国内分社对外报道会议上的讲话。

西藏问题上的政策,介绍当地老百姓的真实生活,西方几大通讯社详细转播或引用,美国《华盛顿邮报》也很快回应。

2000年以来,对外传播逐步转入"攻坚战"阶段。中国媒体以新报道形式、多元化的内容,直接与西方主流媒体竞争,成为国际话语权建构中一支不可忽视的力量。与此同时,媒体更多的对外报道将中国的形象更加客观、公正、全面地呈现在世界面前。对海外受众来说,既讲成绩,又讲问题,这样才是报道中的平衡。将传播的重点放在"揭示变化",而不是仅仅"展示成就",这样的新闻产品更有说服力和感染力。

对外传播应该站在正确的立场上,以适当的观点和方法如实反映中国在前进道路上遇到的问题和困难,讲述中国如何同各种困难作斗争,在改革道路上砥砺奋进。对内报道讲究抓住典型,对外传播重在塑造形象,这样的新闻产品既不回避问题,又容易获得积极宣传效果。对外传播要少讲抽象和庞大的概念,因为大部分国外普通受众缺少对中国特定事件的背景知识,上来就讲抽象概念会让他们一头雾水。

在对外传播中需要展现非常具体和形象的内容,而短视频、动画、H5等新媒体形式正好可以在这方面有生动清晰的呈现。例如,让外国受众了解"中国梦"的概念并不容易,但让一个美国歌手在短视频中现身说法,用他自己的经历来说明什么是"中国梦",这样国外观众就能更有代入感(图2-1)。

"What my current Chinese dream is to use my music and my talent to bring our countries closer together."

"目前我的中国梦是用我的音乐和天赋拉近国家间的距离。"

Watch how a U.S. singer realizes his #Chinese Dream and sets out to achieve another.[①]

看美国歌手如何实现他的#中国梦,并着手实现其他目标。

---

① 在引用脸书、推特等社交媒体上的文字时,尽量遵照原文,#、@等符号予以保留。

新媒体对外传播内容制作

图 2-1 美国歌手的中国梦

(来源：新华社脸书账号)

2017年和2018年这两年中，新华社的"新疆故事"栏目在海外社交媒体平台上播发图文互动深度稿件近70组，平均单组浏览量约20万，高于同平台图文稿件平均水平，海外受众反馈普遍积极正面，很多人表示通过栏目故事"重新认识了新疆"。在海外社交媒体上做涉疆等敏感地区报道，如何让海外受众"有兴趣看"，要在报道选题上多下功夫。选题必须具有贴近性，从一般民众的感性视角入手，对中国话题进行小切口的解读和分析，通过故事讲述、细节描述和背景介绍来加强新媒体产品的生动性和吸引力。

2.2 了解国外需求

全球化的推进和中国国力的提升，既为增强新媒体对外传播能力带来机遇,又对长期形成的对外传播思维形成重大挑战。同时新媒体的传播形式,也让内容可以打破地理的限制,直接呈现在国外受众面前。现在国外受众对中国的关注,已经从以往政治、外交等特定领域以及重大灾难或突发事件扩展到中国社会的方方面面,不再局限于猎奇新闻和负面新闻,这给新媒体对外报道开辟了广阔空间。

对外报道很重要的一点是要做到"先声夺人",积极主动地向世界发出重要和敏感话题上的中国声音,报道中国丰富多彩的实际情况,针对外国受众对中国的误解和盲区,有意识地解答一些问题,同时纠正驻华外国记者的一些歪曲报道。

例如,中国外交关系、中美贸易摩擦、"一带一路"倡议相关话题、中国新出台的涉外法律法规、中国投资政策的变化、环境保护、涉及领土领海争议等话题,中方的表态要第一时间对外发布,体现中国的立场;如果某些外国媒体先发布了于我不利的内容,对外已经传递了先入为主的"第一印象",我们再去做解释和驳斥,难度会增加,反制效果也不一定理想。当然,实际操作中,外国媒体确实经常先抛出各种不客观甚至抹黑和歪曲的报道,我们进行有利有礼有节的驳斥也是对外传播中常见的。

对外传播同时要做到"后发制人",选取外部世界关心的问题,通过周密的调查研究,有针对性地进行报道,有效展示形象。例如,近年来,中国企业走向海外的越来越多,投资设厂、海外设分部、参与当地重大基建项目等等,外媒有时候会推出中国企业在海外一些很负面的报道,话题包括没有按照所在国的法律操作、可能卷入经济风波、中资企业与当地雇员发生矛盾和冲突等等,这中间是不是有曲解和误会,是不是有不全面的声音,就需要中国媒体的驻外机构展开深入调查,以解决问题为导向,推出翔实的报道,还原事实真相;如果确实存在问题的,可以采访中资企业,分析问题出现的原因、后续如何改进。此外,对外报道中可以策划和采访更多国家和地区、更大范围的中资企业,通过一些中资企业积极解决当地就业、促进当地经济发展、严格按所在国法律运营的真实案例,让海外对中资企业有更全面和完整的了解。

从内容来说，中国媒体对外传播从过去以文化、生活类的软资讯居多，到这些年来逐步强化了热点事件报道，在国内议题和国际事务上主动发声，不断增强评论和言论的力度、精准度。

例如，聚焦改革开放40周年、"一带一路"峰会等重大主题，多家媒体都推出过不少策划，《这些数字折射着沧桑巨变！》《改革开放40年｜搭上"复兴号"速度的德国"乘客"》等报道，全面展示中国取得的历史性成就和为世界发展带来的"中国红利"(图2-2)。

图2-2 感受中国70年沧桑巨变
(来源：中国网推特账号)

解决"如何说话"的问题，需要注意选题策划的贴近性和吸引力。只有让国际受众能接受、认同对外报道中的事实、感情和价值，才能体现对外新媒体传播的核心竞争力。策划产品不能空洞说教，自说自话，在充分了解东西方文化异同的背景下，用外国受众听得懂、听得进的内容进行传播，是对外传播的基本要求。

海外受众在文化背景、宗教信仰、生活方式等方面和我们都有差异，因此在传播中要借鉴跨文化传播技巧，用更人性、更活泼、更亲民的传播方式，注重社交属性，以达到交流信息、获得信任、增进理解等目的，这当中，"放之四海而皆准"的新闻点是大家都会共同关注的人情味故事。

例如，新华社2018年10月曾发布过一条社会新闻《暖！男子挡住车流守护老人过马路》，这则报道的浏览量在海外突破1.1亿次，吸引了超过668万海外网友互动点赞，传递了中国正能量，展现了中国人的爱心、暖心(图2-3)。

2 新媒体对外传播人才的核心能力 >>>

图 2-3 暖！男子挡住车流守护老人过马路
(来源：新华社脸书账号)

这条视频只有 46 秒,真实呈现了一名男子挡住车流、帮助老人过马路的故事。拄拐老人深深佝偻着背,颤颤巍巍,行动非常迟缓艰难。这时,旁边经过的骑摩托车男子毅然挺身而出,挡住车流,并向车流示意前方有老人。视频里,所有的车子都停了下来,时间仿佛凝固了。在停驻的车流前,老人缓慢但却从容地走过。

其中字幕也只有四句,言简意赅:

An elderly woman limps on a crutch and has difficulty crossing the road.
一位老年妇女拄着拐杖跛行,艰难过马路。

19

Some cars stop to let her pass.

有些车停下来让她通过。

A young man sees her and drives his motorcycle in front of the traffic.

一名年轻男子看到她，将他的摩托车停在了路上。

The elderly lady walks across the road safely.

这位老太太安全地走过马路。

　　这条视频虽然只是展示了一个小小的瞬间，但引起了海外读者广泛共鸣，外国网友留下大量精彩评论（图 2-4）。

 Budds Dy The car in the center of the road, was the first one to stop, and the one on the motorcycle forced the other car to stop, this noble act of the young man and the driver of the car, shows us that there are good people among us who care and respect the elderly,

赞 · 回复 · 33周　　　　　　　 1,315

　　↪ 39条回复

 Menchie Yen Appreciated very much.a big salute to you sir.

赞 · 回复 · 33周　　　　　　　 44

　　↪ 9条回复

 Saray Perez My grand mom, aunts and teachers theach me that we should help seniors to cross the street, carry their bags and if we have time help them to arrive them save to their homes. But now if i try to help, they turn to u and say very rude "i dont need ur help, i am not paralyze" or "no leave me alone or a call the police" or something else, even if i offer help them for respect. Good thing is that sometimes i cross with other seniors or adults that accept the help and said thanku.

赞 · 回复 · 30周　　　　　　　 140

　　↪ 20条回复

图 2-4　部分国外网友留言

（来源：新华社脸书账号）

2.3 跨文化传播

跨文化传播的研究始于第二次世界大战之后的美国,创始人是美国人类文化学者爱德华·霍尔。他在《无声的语言》中首创了跨文化传播一词,因此被称为"跨文化传播研究之父"。①

跨文化传播指处于不同文化背景的社会成员之间的人际交往和信息传播活动,涉及各种文化要素在全球社会中迁移、扩散、变动的过程,及其对不同群体、文化、国家乃至人类共同体的影响。这当中主要关联到两个层次的传播:日常生活层面的跨文化传播和人类文化交往层面的跨文化传播。

过去较长时间里,中国媒体在传播观念、传播技巧、话语体系等方面存在一定的滞后和需要赶超的地方,在当今国际社会出现了很多新趋势、新动向的背景下,中国跨文化传播在叙事方式上需要转变,从聚焦当代中国如何在世界体系中崛起,到侧重讲述中国如何与世界共同发展、推动东西方文明交流互鉴;从国际话语建构的角度,探索讲好中国故事的新思路,即用他者听得懂的方式讲述他者有兴趣、想知道、能听懂的中国故事。

例如,为纪念中美建交四十周年,中国驻美国大使馆与《中国日报》2019年初联合主办中美友好故事分享活动"我的中国相册"(My China Album)。这个活动面向全美征集中美友好故事和图片,参与者可通过提交照片的方式来讲述其与中国的故事。"国之交在于民相亲",在中美建交的宏大主题下,这样的活动聚焦普通人的故事,通过收集发生在普通人身上的各种友好故事,充分体现两国关系不断深化过程中人性化的一面,同时,《中国日报》把这些照片和故事进行综合剪辑,做成有建交四十周年历史纵深感的小视频进行了再次传播(图2-5)。

再如,2018年,中国古装电视剧《扶摇》和《延禧攻略》先后在海外市场获

---

① 林迎祥:《跨文化传播下的时间和空间》,《青年记者》2011年第9期。

图 2-5 "我的中国相册"(My China Album)视频截图
(来源:中国日报网)

得了不错的流量和口碑。《扶摇》以 12 种语言通过互联网和各国电视台向多个国家和地区的观众播出,《延禧攻略》在当年的 12 月登顶谷歌年度全球热搜电视剧集榜单。这两部剧以女性视角为切入点,讲述普通人的成长轨迹,巧妙表达女性进步意识,在跨文化传播中能引发海内外网友的情感共鸣。过去,中国古装剧由于文化差异只能在国内和周边国家传播,但这两部剧走向了美洲、非洲、欧洲等更多更远的地区。

现在,新媒体对外传播的范围不断扩大,内容也扩展到政治、经济、文化、社会、军事以及科技等各方面,受众可以从新媒体产品中找到满足自身信息需求的内容。在新媒体对外报道的实践中,会发现对外的话语不能千篇一律,不能单纯追求数量,要根据文化背景、风俗习惯、生活方式、宗教信仰等多方面的差异,面向不同国家和地区进行差异化报道。跨文化的多语种报道可以带来强大的协同优势,又能显示出不同的地区特色,会更有亲近度和接受度,贴近目标受众。

例如,新华社在社交媒体平台上除了英语账号集群外,法语、阿拉伯语、

2 新媒体对外传播人才的核心能力

印尼语账号的粉丝数量已经突破 400 万,西班牙语、斯瓦西里语、缅甸语账号粉丝量突破 200 万,有力增强了各语种地区的覆盖和直接落地。

以新华社缅甸语的脸书账号为例(图 2-6),截至 2019 年 4 月中旬,该账号有粉丝 267 万,覆盖了该国大约 8% 的脸书用户。这一账户主要发布与中国有关的新闻和一些国际重大消息,体现中国的立场、观点和看法,与美国之音和 BBC 等英美媒体拉开距离,深受当地民众的欢迎。

2018 年 2 月,新华社开通日本专线,打造出第一条全媒体国别专线。这是国别战略的重要突破,对提升国际传播影响力有重要意义。截至 2018 年底,日本专线发展正式付费用户和试用用户 70 多家,对日本的网络受众覆盖率超过 30%,其中包括《读卖新闻》在内的 6 家日本主流媒体,以及富士电视台、朝日电视台、MSN 日本、日经 TELECOM、TopBuzz 等日本主流网站、商业数据库和新闻客户端。日文专线所有新闻产品都经过日本专家的校对润色,达到符合日本市场需求的语言水平。

图 2-6 "一带一路"在斯里兰卡的推进新闻,脸书截图

(来源:新华社缅甸语脸书账号)

需要注意的是,在多语种跨文化传播中,新闻产品要精炼简洁,语言精

彩,这样才能持续吸引国外受众的兴趣。这就要求除了本土团队,还要多借助多语种团队的力量。例如,新华社借用德国本土化团队制作力量,打造首档原创德语日播电视节目《你好,德国》。德国之声电台网站2017年8月13日对《你好,德国》的评价是:悦耳的音乐、让人赏心悦目的航拍画面、令人印象深刻的事实。这个新电视节目为时半小时,在德国多个较小的都市区电视台播放①。

此外,在新媒体对外报道的产品制作中,管理和使用好新闻基本功扎实、了解中国情况的外籍专家,也是提高新媒体新闻国际传播力的办法之一。外籍专家可以参与对外新媒体新闻的制作,对标题和内容进行语言润色、修改,让外语表达更地道、更本土化,让新闻产品更能在文化心理、阅读习惯、话语体系和表达技巧等方面打动外国受众,突出新媒体时代阅读的特色。

例如,一篇关于中国对欧盟暂停征收航空业"碳税"表示欢迎的文章,原本制作的新闻产品标题为"China welcomes proposed freezing of EU carbon tax on airlines: FM spokesman",而新媒体的标题在外籍专家的改动下精简成"China welcomes EU carbon tax freeze",修改后更精炼,一目了然。

---

① https://www.dw.com/zh/%E4%BD%A0%E5%A5%BD%E5%BE%B7%E5%9B%BD%E5%B1%95%E7%8E%B0%E5%92%8C%E8%B0%90%E4%B8%AD%E5%9B%BD/a-40018674。

3 新媒体对外传播的特性

对外传播要回答的首要问题是"传播什么",要有巧妙的策划,避免陷入"什么都要传播,而什么都传播不出去"的尴尬境地。新闻每天都在发生,各种各样的信息十分丰富,但并不是所有的信息都可以进行有效传播,现实中有很多制约因素。在新媒体的对外传播中,我们要把握新媒体的特点,对传播内容进行策划,坚持精准、精细,避免大水漫灌和粗放的报道,针对全球不同区域与种族群体的目标受众实施传播活动。

对外新媒体传播要融通中外,超越历史传统、文化语言、意识形态、社会制度等障碍,在不同国家间架起沟通的桥梁,要把中国人的故事说给外国人听,而且要让他们听得懂、愿意听,这就需要注重新媒体对外报道的基本规律和特性。

3.1 唯快不破

和传统媒体不一样,新媒体的传播首先要快,要抢时效,要在很短的时间内迅速发布消息,不断丰富内容,持续更新;还要尽可能利用融媒体技术,全

新媒体对外传播内容制作

方位呈现新闻事件,同时在社交媒体上与海量的用户互动,完成信息的全套传播。

网络技术和新媒体手段的不断发展,让中国媒体的突发新闻对外报道变得既充满机遇又不乏挑战。一方面,近年来海外媒体和受众对中国新闻关注度明显升高,拥有天时地利的中国媒体可以抓住突发事件的第一时间,做出最快反应,将消息传到海外,保证新闻时效性和关注度;另一方面,媒体从业者要在各类网络信息中确保传播不走样,把最准确、最有价值的新闻传播给海外受众,同时用新媒体手段让报道变得更加生动和立体。

总结起来,实际的报道操作中需要把握以下要点:

1. 信息发布快捷化

在突发新闻的对外传播中,信息发布是要拼抢速度的,但前提是确保信息进行了核实。一旦发布的信息有误,造成不良的国际影响,局面会更加难以收拾。因此,突发新闻发生后,迅速报道不等于盲目抢发。"新闻以真实为第一要义",新媒体的及时报道必须建立在真实基础之上,在研判时间一定的前提下,要尽快进行消息源的核实,传播真实有效的信息。

在互联网时代,人人拥有麦克风,人人都是信息的传播者,造成信息的海量和虚假,尤其是在突发性事件发生时,难免有用户在网络上发布不实甚至是错误、虚假的信息。这就要求媒体从业者在处理新闻时扮演好"把关人"的角色,从新闻的海洋中选取真实的信息。

2. 报道手段多样化

在重大突发新闻发生的时候,一切有信息量的"干货"都可以吸引足够多的关注。专业权威的新闻信息总结、媒体迅速完成的现场示意图、现场传回的照片、一段现场音频或视频等等,一旦在第一时间通过各个平台进行直播,大量重点突出的信息就会得到有效及时的传播。

在这种模式下,可以将本新闻机构记者发回的报道、其他主流媒体的及时播报以及社交媒体上各方的表态、反应等最新报道进行全面整合。与此同时,可与现场目击者连线,条件允许的情况下进行直播,这样不仅可以通过文字的方式传递信息,也可以将连线的音频、视频进行一定编辑后及时发布,不断丰富报道手段。

在重大突发新闻发生后,这样的报道往往会有更好的效果,因为实时消息、照片、视频、音频、互动、社交媒体直播等同时进行立体渗入穿插,会带来足够震撼的视觉冲击力和丰富的信息量。

以现代传播手段和方式的发达程度,各种元素和方式都可以在这些突发新闻报道中得到淋漓尽致的展示。对于各家媒体来说,这样一次突发新闻的报道,其实也是新媒体报道水准的综合检验。

所以,突发新闻进行新媒体对外传播的操作流程可以总结如下(图3-1)。

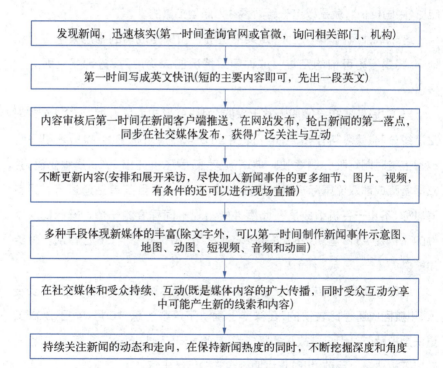

图3-1 突发新闻进行新媒体对外传播的操作流程

新媒体对外报道要想占领突发事件的高地,只有把上述这些基本操作落实到位,才能真正做到如虎添翼。

新媒体对外传播内容制作

同时，对外传播要有专业、扎实的外语新闻写作水平，外语用词要准确到位，不能因为外语的表述不当造成误解。

突发新闻公众高度关注，报道容易被广泛转发转载，也容易出现刷屏效果，但不管在什么情况下，媒体人要保持做新闻的专业态度，这是非常重要的。只有坚守住这道底线，才能坚守住新闻的权威性和深入性。

以下通过一个案例来介绍和分析突发新闻如何一步步做好对外传播。

案例：川航飞机紧急迫降。2018年5月14日，四川航空从重庆飞往拉萨的3U8633航班，在飞行途中驾驶舱右座前风挡玻璃突然破裂并脱落，副驾驶一度被吸出窗外，后在机长的手动驾驶下成功返航落地成都。2019年放映的电影《中国机长》，就是以这一新闻事件为原型拍摄的。

这一事件风险非常之大，如果不是机长和机组成员的临危紧急应对和处理，将是一场可怕的空难。这种罕见情况的成功应对，肯定要立即进行报道。

当天，消息最初是微博上发出来的，很快就形成刷屏。据"@CCFA成都空港缘分"微博爆料称，5月14日上午约8:40分，川航空客A319客机飞临成都上空时副驾驶一侧驾驶舱玻璃破碎，随后飞机挂出7700紧急代码，并立即备降成都双流国际机场。受此影响，双流机场目前单跑道运行。另有消息称，不止一名机组成员在此事件中出现不同程度的伤情。据悉此次事件的飞机是A319客机，飞机编号B-6419，于2011年7月26日首次交付给川航。

这时必须要立即进行核实。很快，国内有媒体联系了四川航空相关负责人，川航回应还是比较快的，在微博上确认了这个消息："5月14日，3U8633重庆至拉萨航班因机械故障备降成都，航班已于7时46分安全落地，旅客已有序下机休息。目前，川航正协助旅客安排后续出行。"

一旦消息得到确认，媒体的对外报道应该第一时间写出英文快讯，刚开始可以只是一两段左右，迅速在新闻客户端进行推送，在网站和社交媒体上要同步发布消息(图3-2)。

3 新媒体对外传播的特性 >>>

图 3-2　报道标题：飞机因机械故障紧急迫降
（来源：新华网）

快讯标题：Plane forced to divert after mechanical failure①

航班因机械故障紧急迫降

正文：A Chinese commercial flight was forced to divert to an alternate airport after a mechanical failure, authorities confirmed Monday.

Flight 3U8633, operated by Sichuan Airlines, was en route from Southwest China's Chongqing municipality to Lhasa, capital of Tibet autonomous region. It was forced to divert to Chengdu, capital of Sichuan province.

周一，中国一架商业航班在发生机械故障后紧急迫降。

由四川航空公司运营的 3U8633 航班从中国西南部的重庆市到西藏自治区首府拉萨。它被迫降落到四川省省会成都。

紧接着，媒体要抓紧与航空公司进行沟通，不断采访和挖掘，更新更多公众关心关注的细节，尽快用英文报道出来，比如事发的基本经过、挡风玻璃出现故

---

① http://www.xinhuanet.com/english/2018-05/14/c_137177776.htm。

29

障的原因、机上乘客的情况、如何紧急安排乘客转移、事件启动调查等等。

然后，对外报道要分别介绍这些普遍关注的信息，如事件发生的初步情况：

According to the Civil Aviation Administration of China (CAAC), part of the cockpit window broke as the Airbus A319 flew over Chengdu. The aircrew enacted emergency code 7700 and landed in Chengdu.

根据中国民用航空局(CAAC)的消息，当空客A319飞过成都时，部分驾驶舱窗户破裂。机组人员发送了特情代码7700并降落在成都。

乘客和机组成员的安危、是否受伤：

All passengers are safe, although the co-pilot sustained injuries to the face and waist, and another crew member was slightly hurt during the emergency landing, according to the CAAC.

据民航总局称，所有乘客都安全，只有副驾驶员的脸部和腰部受伤，另一名机组人员在紧急着陆时受到轻伤

对飞机挡风玻璃问题的调查：

Sichuan Airlines confirmed the diversion, and said that an investigation is under way. The plane landed in Chengdu at 7:46 am on Monday.

四川航空确认了备降，并表示正在进行调查。飞机于周一上午7:46降落在成都。

乘客和机组成员的安置：

There were 119 passengers and nine crew members on board,

according to the airline, which has arranged another flight to take the passengers to Lhasa.

该航空公司说,机上有119名乘客和9名机组人员,已安排另一班航班将乘客带到拉萨。

此次事件中相关的图片,比如飞机的图片、机舱内各种物体掉落的图片、迫降后乘客出舱的图片、飞机从起飞到迫降的空中路线图等等,在确认之后也可以尽快发布,这样很直观;还可以通过各种渠道,想办法连线当时机上的乘客询问一些情况,音频和视频都可以,这些呈现能丰富报道细节,帮助公众清晰还原这起突发新闻的一些主要情况(图3-3)。

图3-3　遭遇紧急状况的川航航班资料图
(来源:新华网)

同时,因为这个新闻中机长和机组的紧急应对很关键,在逐步更新报道的过程中加入的内容包括机长是如何操作的、当时乘客的反应等等。现在大家都有手机,有人用手机拍摄了飞机上的一些镜头和视频,会陆续在网上流出,进行甄别和获得拍摄者许可后可以进行补充报道,还原当时的一些情景。

视频呈现：Video footage shot by passengers showed baggage falling from overhead lockers during the emergency landing and oxygen masks dropping for use.

乘客拍摄的录像显示，在紧急着陆过程中，行李箱内的行李掉落，氧气面罩掉落。

这些英文消息很快就在全球引发了高度关注，因为这种艰难的空中大救援、大逆转不管在哪里都非常罕见，很多外国媒体这时候纷纷引用了中国媒体的英文消息，海外社交媒体上的互动也很热烈，对外传播的效果明显。

事件中体现出来的川航机长和机组成员的英勇顽强、精湛的技术与心理素质等都备受赞誉，海外社交媒体上的用户纷纷对中国机长表达了各种钦佩与好评，很多海外网友还搜罗了国际航空史上的惊天大逆转事件来进行回顾和比较。整体上，这条突发新闻的对外传播效果非常正面和积极。

当然，上述只是处理这个突发新闻的第一阶段，后续的跟进还要不断丰富和挖掘，体现更全面的报道角度，体现出深度和厚度，包括机长讲述迫降的全过程、视频和动画还原飞机迫降经过、航空公司对事件的全面调查（Investigation should look for solutions）、法国空客公司对此事的解释（Airbus responds after Sichuan Airlines windshield blowout）、机组人员在事件后巨大的心里阴影（Pilot on mission impossible still haunted by trauma）等等。

3.2　内容为王

对新闻媒体来说，不管在什么时候，"内容为王"始终是安身立命之本。随着传播媒介的极大丰富和受众获取信息渠道的日益多元化，社会对信息的需求在不断增长，对内容提供者来说，市场空间和用户空间不是变小了，而是越来越广阔。

在新媒体时代吸引受众注意力竞争激烈的环境下，"内容为王"的法则愈发明晰。具体来说，在新媒体的各种形式和呈现下，依旧要大力加强内容的权威性,不能让形式掩盖了内容。应该加强创意策划,推动内容创新,在独家性、权威性和不可替代性上下功夫,打造精品力作,提升对外新媒体产品的品质。

案例:国外经常有"谁来养活中国"之类的质疑声,而针对这种质疑,下面这部2019年的作品"Is China experiencing a meat crisis?"(《中国在经历肉类危机吗?》)就提供了中国答案,内容详尽充实(图3-4)。

图3-4 《中国在经历肉类危机吗?》截图
(来源:CGTN网站)

这部中国国际电视台(CGTN)的作品全面讲述了即使猪流感来袭,中国的猪肉产品也不会有严重危机。中间有清晰的讲述和分析,作品部分节选如下:

China continues struggling with meat imports as the unprecedented African swine fever sweeps across the country. The intense China-U.S. trade war might make the situation worse, as high tariffs are imposed on U.S. farm produce. Currently, Chinese meat importers are switching their attention to other options to fill the gap for the nation's meat demands.

Research shows Chinese people consume an average of 55 million tons of pork on a yearly basis, according to Research on China Pig Breeding Market and Its Development (2017-2023).

African swine fever

African swine fever has swept across China since last year, wreaking havoc in the world's second largest economy's pork industry, which is worth some 128 billion U.S. dollars.

Chinese authorities in April went on record as saying that pork prices will continue to rise in the second quarter of this year.

"A rapid rise in pork prices is likely to appear in the second half of the year with the further decline of pig supply and the rising demand during holidays," said Tang Ke, an official with Chinese Ministry of Agriculture and Rural Affairs (MARA).

Average wholesale prices of pork stood at nearly three U.S. dollars per kilo in March, up 6.3 percent on a monthly basis, ending a declining streak since the outbreak of African swine fever last August, according to the ministry.

Growth in pork prices is expected to surpass 70 percent in the second half of 2019 compared with that of last year — based on experts' primary estimates.

随着前所未有的非洲猪瘟席卷全国,中国继续在肉类进口方面想办法。中美间紧张的贸易战可能会使情况变得更糟,因为对美国农产品实行高关税。目前,中国肉类进口商正在将注意力转向其他选择,以填补国家肉类需求的空白。

研究显示,根据《中国生猪养殖市场及其发展研究(2017—2023)》,

中国人每年平均消费 5 500 万吨猪肉。

非洲猪瘟

自去年以来,非洲猪瘟席卷中国,对世界第二大经济体的猪肉产业造成了严重破坏,该产业价值约为 1 280 亿美元。

4月,中国政府表示,猪肉价格将在今年第二季度继续上涨。

中国农业和农村事务部官员唐克表示,"猪肉供应量进一步下降,节日需求增加,猪肉价格快速上涨可能会在下半年出现"。

据该部称,3月份猪肉的平均批发价格接近每公斤3美元,环比上涨6.3%,结束了自去年8月爆发非洲猪瘟以来的连续下降。

根据专家的初步估计,2019年下半年猪肉价格的涨幅预计将同比超过70%。

"Is China experiencing a meat crisis?"结合了文字、图片和视频,引用翔实的数据,有利于受众全面理解。

好的内容借助于生动清晰的表现形式,才能更加广泛地传播开来。所以在制作过程中,要把内容创新和形式创新结合起来,借助先进传播手段为优质内容插上翅膀,真正把内容优势转化为传播优势。

新媒体对外产品内容的丰富性也同样重要。要积极顺应海外受众信息需求的变化,加大他们感兴趣领域的新闻信息采集力度,根据用户反馈在实践中不断调整和完善新媒体产品的内容结构,努力为海外受众提供有关中国的实用性和针对性更强的综合信息、应用信息,满足其切实需求。

3.3 在现场

尽一切可能靠近现场是新闻报道的基本要求,在新媒体时代,由于直播和音视频形式被普遍应用,对记者到现场展开新媒体的全方位报道也有了更多更高的要求。

新媒体对外传播内容制作

但新媒体现场新闻报道并非一场想走就走的旅行,而要依靠周密详尽的安排。一般来说,媒体机构都会有专门的突发新闻紧急响应预案,一旦重大事件发生,到现场并非采编团队自己的事,需要调动多部门协作,包括技术支持、后勤保障、对外联络、平台沟通等,这样才能优化流程,及时应对。在新闻报道过程中,新媒体制作人员也不能单打独斗,文字、图片、音频、视频、动画制作以及自有平台和社交媒体发布等环节分工合作形成合力,紧紧追赶突发新闻的脚步。

案例:2018年9月16日,台风"山竹"来势汹汹,以强台风级别在广东江门市台山沿海登陆,登陆时中心附近最大风力14级,广东南部、香港、澳门、广西南部、海南岛、云南南部等地部分地区出现大暴雨,局地出现特大暴雨。

这种重大新闻,媒体在有安全保障的前提下肯定要到现场,才能获得第一手的信息和图像素材。记者在现场要第一时间报道各方面的情况,包括台风登陆地区、抵达的区域、民众和企业等受影响的情况、可能出现的伤亡、航班、火车、地铁等停运的情况,采访挖掘人们逆风而行的各种暖心故事,实地拍摄台风影响地区的照片、视频等等,前后方及时沟通、互相配合,制作台风登陆示意动图,及时对外发布和更新信息,技术条件和安全因素允许还可以进行现场直播,这样才能有一个比较完整、丰富的现场新媒体报道(图3-5,图3-6)。

在技术的引领下,新媒体现场报道的内容和形式在不断扩展。在2010年前后的3G时代,图文为主,手机报形式推送,文字直播。在2015年左右的4G时代,运用4G背包可以启动图像视频直播,增强互动性。在2020年的5G时代,会有更多的传播形式,AR、VR等直播形式都在探索中。

多媒体报道的展现形式在升级,但值得注意的是,报道中恪守的原则不会变。

第一,力争第一时间赶到现场。现在,很多公众在遇到突发事件时也会拿出手机拍摄画面和视频,然后发布到社交媒体上,对于媒体来说,这是在没有自身第一手素材下的选择。在事件发生时,一方面可以关注这些社交媒体素材,在对关键的事实进行真相核实且联系拍摄者获得版权许可后才能使用,第一时间发出报道。另一方面,自身的报道团队应该尽快赶往现场,抵达后快速全面地了解现场情况,以自身的立场观察和收集材料,如联系和采访现

3 新媒体对外传播的特性 >>>

2 killed as Typhoon Mangkhut makes landfall in Guangdong

By He Shusi in Shenzhen and Li Yao in Hong Kong |
chinadaily.com.cn
Updated: Sept 16, 2018

At least two people were killed by super typhoon Mangkhut as of 8:00 pm BJT (1200 GMT) Sunday, China Central Television reports.

Typhoon Mangkhut made landfall in Taishan city, South China's Guangdong province at around 5 pm on Sunday.

Flooding and damaged buildings were

图 3-5 台风"山竹"的现场
报道和视频
(来源:《中国日报》客户端)

Signal No 10 Super Typhoon Mangkhut wreaks havoc near Heng Fa Chuen, a private residential estate in Eastern District, Hong Kong Island. [Photo by Roy Liu / China Daily]

As of 10 am, a total of 889 flights have been cancelled on Sunday, the Hong Kong Airport Authority said.

Tram, Peak Tram and ferry services were also suspended.

The Home Affairs Department has opened 48 temporary shelters in various districts and 606 people have sought help at the shelters.

In Macao, the meteorology department said it will issue Signal No 10 at 11 am. There, a red storm surge warning is in force.

图 3-6 台风"山竹"登陆后造成
影响的现场报道和照片
(来源:《中国日报》客户端)

场目击者和当事人。需要注意的是,新媒体产品报道中不能泄露当事人的家庭住址和工作单位等敏感信息,如果进行视频或电话连线,要注意对话过程中不能刺激当事人感情。如果发现后续有数据事实方面的偏差,应及时更正。数据权威来源应包括现场指挥人员、警察、消防、医护人员等。在采访过程中遇到危及生命的二次突发情况时,要先保护自身安全,在此前提下,救人的重要性要高于采访。

第二,报道层层递进,初期讲清事实,中期表明态度,后期谨慎分析原因。在团队现场收集材料的基础上,组织翔实的第二波新媒体产品,注意实事求是，避免带有感情色彩的渲染，同时将重点转向事故处理、伤员抢救机制、原因调查以及灾后处理等。在初期和中期事实不清楚的情况下，不擅自对原因做过多的猜测，发表评论也要慎重，将报道重点放在解答读者关心的问题，消除公众恐慌心理上。

第三，在新媒体产品的制作中，不能光顾着低头往前冲，作为公共产品的提供方，媒体要遵守国家法律和有关规定，恪守新闻职业道德，注重人文关怀；要听从搜救现场指挥，不跨越警戒线，不影响救援工作正常进行。特别是在灾难或事故等突发事件报道中，一定要重视伤亡者的尊严，不对伤亡者做特写镜头处理，对容易引起负面解读的细节要控制，尽量避免使用血腥镜头，并做遮挡处理。

第四，突发公共事件报道除了让人们知道事件本身外，还要正本清源，消除谣言等有害信息，更重要的是增强应对类似危机的意识和能力。灾难报道前为记者做好防护工作，报道中记者要保护自身安全，报道后需要的话可接受心理咨询等帮助。

案例：2015年8月12日，天津市滨海新区危险品仓库发生火灾爆炸事故。在这一事故的报道中，因事发时是深夜，《中国日报》的对外脸书报道首先使用了互联网上的一组图片和视频（如图3-7），在文字中引用了新华社快讯。

标题：Explosion rocks N China port city, casualties unknown # TianjinExplosion

正文：An explosion rocked the Binhai New Area in north China's Tianjin Municipality at around 11:30 pm Wednesday. The cause and casualties are not immediately known, Xinhua News Agency said.

Residents in neighborhoods nearby said flame lit up the sky and the blast with a big noise blew up dust of dozens of meters high. The explosion also shattered their window glass and fish tanks. Li Jing, a woman who lives hundreds of meters away from the explosion site, said she saw the wounded being sent to hospitals.

标题：中国北方港口城市发生爆炸，伤亡人数未知#天津爆炸

正文：星期三晚上 11:30 左右，中国北方天津市的滨海新区发生爆炸。新华社称，爆炸的原因和伤情目前仍不清楚。

附近街区的居民说，火焰照亮了天空，伴有巨大噪音的爆炸掀起了几十米高的烟尘。爆炸还震坏了他们的玻璃窗和鱼缸。居住在爆炸现场数百米外的女子李静说，她看到伤员被送往医院。

图 3-7 天津发生爆炸事故的报道截图
（来源：《中国日报》脸书账号）

当天事故发生在 23:30 左右,《中国日报》记者连夜出发,第二天一早已抵达事发现场附近,对外社交媒体报道中开始使用自己在现场拍摄的图片(图 3-8)。

图 3-8 天津发生爆炸事故的报道截图
(来源:《中国日报》脸书账号)

＃Live ＃TianjinBlast 12 firefighters among 44 killed in Tianjin explosion. http://bit.ly/1L72eED

＃直播 ＃天津爆炸 天津爆炸造成 44 人遇难,包括 12 名消防员。http://bit.ly/1L72eED

而在爆炸发生四天后的报道中,更多的相关细节信息逐步出现,包括造成的各方面影响等,该事故导致 12 428 辆商品汽车、7 533 个集装箱受损(图 3-9)。

3 新媒体对外传播的特性 >>>

图 3-9 受损的汽车现场图
(来源:《中国日报》脸书账号)

♯TianjinBlast Foreign automakers feel force of Tianjin explosions

The massive explosions in the port of Tianjin on Wednesday night destroyed thousands of imported cars that were waiting to be distributed. http://bit.ly/1hGKbeE

♯天津爆炸 外国汽车制造商感受到天津爆炸的威力

星期三晚上,天津港的爆炸摧毁了数千辆等待分装的进口汽车。http://bit.ly/1hGKbeE

在♯TianjinBlast 的标签下,《中国日报》前后发送了 22 条相关稿件,包括文字、图片和视频,通过多种形式,及时和全面地向海外传递了信息。

41

3.4 创新传播形式和渠道

近年来,中国媒体一直在不断尝试,通过创新报道形式展开新媒体的对外传播,其中比较流行的做法是通过外国人来讲中国故事,这也是跨文化传播的代表之一。

事实上,每位到过中国的外国人都可以是中国故事的对外传播者。文旅部的数据显示,1980 年入境中国的外国人有 74 万人次,而到 2018 年这一数字已经上升到 4 795 万人次,[1]在华常驻外国人近百万。[2] 这些人目睹和感受了中国社会、经济、生活的方方面面,通过他们来讲述在中国的所见所闻和各种感受,因为视角不同,会更真实生动,更容易被外国受众接受和产生比较良性的互动。

外国人讲中国故事,他们既是跨文化传播的中介,也是跨文化传播的目标,很多时候,作为他者的外国人通过多平台、多语言和多形态的叙事已将中国文化内化为自我的经验与意义阐释。

新华社、《中国日报》和 CGTN 等媒体在这方面都有不少实践。例如,《中国日报》充分发挥外籍记者编辑队伍优势,推出了一系列外籍记者出镜的短视频栏目,打造了"美国小哥""英国小妹"等"网红"记者,以"外眼"看中国,通过"外嘴"讲中国发生的各种故事,扩大主题报道的国际影响力(图 3-10)。

在形式创新的同时,传播渠道也要不断拓展和丰富。在新媒体时代,谁掌握了平台渠道,谁就掌握了传播权、主动权和主导权。世界各大媒体纷纷在推特、脸书、优兔等全球社交媒体上"占位",就是因为这些渠道坐拥庞大的社交用户群体,具有强大的传播能力,成为新媒体中不可缺少的一部分。因此在内容为王的基础上,还需要与渠道和平台相结合,不断扩大国际传播的影响力和覆盖面。

---

[1] 2018 年旅游市场基本情况,文化和旅游部,2019 年 2 月 12 日。
[2] 《逾 95 万外国人在中国境内工作》,新华社,2019 年 4 月 14 日,http://www.xinhuanet.com/2019-04/14/c_1124365178.htm。

3 新媒体对外传播的特性 >>>

图 3-10 "美国小哥"在亚洲文明对话大会上体验 VR 新技术①
(来源：中国日报网)

新华社"New China"账号在脸书、推特、优兔、Instagram、连我、VK 六大平台使用 19 种语言发稿，总粉丝数突破 1 亿，主账号发稿量、浏览量、互动量等核心指标跻身世界主流媒体账号第一方阵最前列，让"中国声音"更加清晰响亮。

在对外传播中落地海外主流媒体，或者在主要社交媒体平台上开设账号，是"借船出海"的重要方法，但这并不意味着自己不需要"造船"。无论何时，拥有一批自主掌控的新媒体终端，比如客户端和网站，是中国媒体长期有效连接市场和目标受众、提高对外传播主动性和话语权的重要手段。

在拓展渠道、打开对外新媒体传播的局面后，要有目的地将社交媒体的流量引导至自主掌握的平台。如果没有自主掌握的终端，不少新媒体对外传播的优秀作品最终都只是为他人做嫁衣裳，在信息分发、传播和获取反馈方面严重受制于人。一旦这些海外社交媒体平台对我们的内容进行有意无意的限制，内容传播就会受到影响。

因此，在对外传播中要有预见性、长远性，立足于实际情况，充分利用先

---

① https://www.chinadaily.com.cn/a/201905/14/WS5cda03d9a3104842260bb649.html。

进的技术手段,加大具有自主知识产权、功能强大、覆盖面广的自有终端载体的建设,切实提高在新媒体对外传播上的主动权和话语权。

3.5 技术引领变化

技术手段在引领新闻呈现形式的过程中属于决定性的力量。在新闻发展的历史上,"印刷术+纸张+内容"的组合形成了报纸和期刊,"无线电+声光+内容"造就了广播电视,现在的"移动互联+终端+内容"成就了新媒体。

要重视新技术给新媒体对外传播带来的变化,但又要防止"技术决定论"的倾向,可以猜想一下下面几种描述讲的是什么技术。

A. (　　)产生之后,信息可以在分布最广的领域方便而迅捷地流动,世界变小了,商业和政治都迅速成长起来。这种范围上的变化大大扩展了技术的边界,而且导致了现有标准及规则的破裂。[①]

B. (　　)是一种能够消除时间和距离的方式,而且能够通过与出版业的合作,使所有的人紧密相连。它在人类所有的发明中是最出色的,当它成为一种公共传输工具时,它传递的不外乎是人类的思想……它是这个国家和世界上最伟大的教育工具之一。它的服务对于全体民众而言应该尽可能是免费的。[②]

C. 因为(　　),我们拥有了一种力量,拥有了一种比任何东西都要强大的媒介……当你把声音传到了家里,当你使家庭和世界其他地方的步调保持一致的时候,你正在接触一种有影响力的新的资源,一种带来愉悦和娱乐的新的资源,一种这个世界不能够以其他任何已知的交流方式来提供的文化。[③]

按照现在的语境看,很容易都认为带来变化的是移动互联网技术,毕竟人们看待技术的时候很容易像画画那样形成"近大远小"的透视,但事实上很

[①] [美]德伯拉·L.斯帕:《技术简史:从海盗船到黑色直升机》,倪正东译,中信出版社 2016 年版,第 41 页。

[②] 美国西联电报公司主席威廉·奥顿(William Orton)1872 年与《芝加哥论坛报》出版人约瑟夫·梅迪尔(Joseph Medill)间的通信。

[③] 《时代》周刊创始人亨利·卢斯(Henry Luce)1934 年发表的演讲。

多技术进步在当时看对媒体传播来说都是革命性的。

A 的答案是产生于 19 世纪初的电报,B 是在 19 世纪晚期电报被大规模使用后的媒体的论断,而 C 是 20 世纪早期媒体对无线电广播的看法。在当时的历史环境下,电报和无线电的发明和大规模使用,对媒体的影响和冲击并不比现在的移动互联网小。媒体的传播一次次地应用新技术、适应新形势、打造新内容,这一过程当前也正在发生。

传统媒体时代,技术部门是主要负责硬件管理的后期支持部门;可在新媒体时代,技术部门已经成长为与采编及经营并立的三大支柱之一。新媒体机构不仅是新闻机构,更是科技机构,技术引领的重要作用在社交媒体公司尤为明显。技术部门在人员构成上大大扩编,其职能也早就不仅局限在硬件领域,更多在软件开发和平台搭建上发挥作用。技术建设从保障性支持向引领性支持转变,参与新媒体新闻生产的全过程。

在 2G 时代,手机短信、手机报、彩信等移动增值服务兴盛;在 3G、4G 时代,之前被称作"新媒体产品"的手机报等内容出现老化现象,用户快速流失,相关产品线收缩乃至关闭,基于 APP 的更加丰富内容受到追捧;5G 时代,业界普遍认为微视频会成为行业的下一个风口,新闻内容的可视化对新媒体制作提出了不同以往的挑战。

20 年前的记者工具是采访本和笔,10 年前为笔记本电脑和数码相机,现在的记者则需要智能手机,配备无人机、OSMO 直播云台。传播的时效性也越来越强,之前的纸媒中时效性最强的报纸以天为周期出版,电视以小时为单位播放,可现在的新媒体传播竞赛已经精确到分钟级甚至是秒级。

事实已经证明,没有好的技术不但做不出好的新闻,而且在对外传播方面,也会陷入"酒好也怕巷子深"的困境。只有好的内容而缺乏技术支持,好的内容也传播不远、不快、不广。和先进传播技术结合起来的内容,才是有资格称王的内容。要积极实现信息共通,主流媒体要运用好大数据、云计算等互联网技术手段,打破传统媒体与新媒体之间的信息交流壁垒,在信息共通的基础上实现对媒体资源的整合与共享。

3.6 提供"付费墙"外公共产品

天下没有免费的午餐,新媒体产品也是一样,只不过谁来为这顿"信息午餐"买单,还没有定论。

这些年,国内外传统的媒体制作部门,从报纸到广播,都在尝试互联网时代下的转型,各类媒体都努力在新媒体时代探索自己的造血功能,比如"付费墙"就是一种尝试。

过去,传统媒体通过发行量或者收视率来赢得广告的盈利模式之所以能长盛不衰,一个原因就是渠道是市场化的,不是垄断的。事实上,渠道商往往要依赖媒体品牌和内容才能够生存,处于价值链的下游,只能分到传媒业这块大蛋糕中无足轻重的一块。但是在新媒体时代,几家处于主导地位的平台几乎瓜分了全部流量,比如美国大约有三成多的成年人习惯在脸书上阅读新闻(图3-11)。渠道出现了垄断,广告也随之流走。

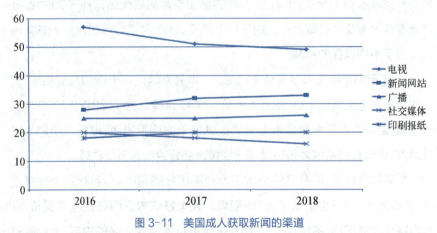

图3-11 美国成人获取新闻的渠道

(数据来源:皮尤研究中心)

互联网几乎消灭了分类广告,加速了发行量和收视率的下降,吸引人们的眼球转向博客、视频和网站。在传统新闻内容制造商艰难向数字化过渡的

3 新媒体对外传播的特性 >>>

同时,社交媒体对在线新闻的胃口不断高涨。这一趋势体现于一些免费网站的增长,例如专门发布聚合内容的网站 BuzzFeed 或者类似模式的"今日头条"。

对于《纽约时报》《华尔街日报》和英国《金融时报》等媒体来说,数字订阅已成为一项稳定的收入来源,填补了因纸质版广告业务下滑而锐减的收入(图 3-12)。"付费墙"的成功表明,在网络时代,读者愿意为新闻花钱。但同时读者又是挑剔的,他们只会为独一无二有价值的内容掏钱。这使得新闻回归了最初的模式,即通过内容赚钱,而不是通过广告来获取收益。

图 3-12 《华尔街日报》付费订阅页面
(来源:华尔街日报网)

"付费墙"是传统媒体在新媒体时代转型的产物,但一些传统媒体同时负担着对外传播的任务。打造国际形象需要让尽量多的人看到产品,"付费墙"却将一部分人挡在外面。

新媒体对外传播内容制作

这将新媒体产品人为地分成两类：带有公共产品性质的对外传播部分，这些内容是免费的，应尽可能广地传播；另一部分则是精品的收费内容，打造成知识付费产品。但这两种产品如何在内容上进行区分，或者是否能对外有选择免费，对内有选择收费？具体的划分方式还需要在实践中进一步摸索。

还有一种尝试是让平台为内容付费，让新闻从"零售模式"转向"批发模式"。2019年10月，新闻集团与脸书达成一项协议，后者推出的新闻板块将提供《华尔街日报》《纽约邮报》和其他道琼斯旗下媒体刊物的新闻头条。其他同意参加的出版商包括《华盛顿邮报》、BuzzFeed News 和《商业内幕》，《纽约时报》也在和脸书洽谈。① 根据协议，出版商会从平台获得许可费。脸书支付的许可费对大型全美性新闻机构每年300万美元，对小型的地区性出版商少则数十万美元。

对外新媒体新闻的性质更贴近公共产品，为了达到更好的传播效果，从终端用户那里收费并不容易。因此，还要探索广告收费和向平台收费两种模式，并在实践中不断总结和完善新的模式。

---

① News corp to supply headlines for Facebook's upcoming news tab，https://www.reuters.com。

4 新媒体对外传播的选题策划

>>>

在新媒体对外传播中,报道策划是龙头,内容制作是本领,平台运营是过程,用户运营是目的。在系列的多媒体生产链条中,普遍采用一次采集、集中加工、多端发布的模式,而选题策划占据中心地位,因为只有找准方向,才能让传播"正中靶心"。

4.1 争夺国际主流新媒体舆论场

新媒体舆论场要联接中外、沟通世界,用快捷的方式让中国的声音传播出去,用更洪亮的声音让国外的受众明白中国的立场和态度。

通过对外传播对中国的形象做出真实、具体、充分和生动的反映,政治、经济、文化、社会、生态"五位一体",力求全面深刻揭示中国各项事业迅速发展的根本原因,既要充分报道中国在改革开放和经济建设中取得的巨大成就,又要讲明这些成就是在克服了哪些困难之后才取得的。开展对外形象传播,如不进行因地制宜的创造性转化,就会陷入自说自话的困境。在国家形象传播过程中,要善于优化传播策略,通过加强理论创新、提升翻译能力、拓宽话语传播渠道等方式，跨越社会制度、意识形态、民族文化上的差异，找准中外利益的最大公约数和情感最强共通点。

传播声音的方式是讲故事。讲好中国故事就先必须有"故事"，要善于从中国道路的开创、中国奇迹的取得中挖掘生动素材；必须"讲"故事，要善于把握国外受众关切，在故事中激发人性的共鸣；必须讲"好"故事，要善于主动出击、"先声夺人"，主动在国际舆论场中亮明中国的观点、表明中国的态度。

短视频的呈现为中国故事的讲述提供了全新平台，以其双向、开放和交互性，让中国故事更容易获得外国受众的亲近和认同。

案例：《中国日报》推出的《中国这五年》系列视频是这方面的代表作之一。这个系列视频策划是"借外嘴说话"，由《中国日报》英籍记者夏洛特出镜，介绍她在中国各地的所见所闻所感，包括四川成都、湖南十八洞村、广东深圳、青海三江源、北京、天津等不同地方，看到中国西部城市如何吸引众多外国人来投资和生活，看到中国的精准扶贫政策究竟是如何提出和实施的，感受到中国对自然资源的保护，践行"绿水青山就是金山银山"，感受到南方经济的飞速发展与不断创新，体会到京津冀一体化的发展等（图4-1、图4-2、图4-3）。

图4-1　夏洛特在成都与来这里创业生活的外国小哥聊天
（来源：中国日报网）

4 新媒体对外传播的选题策划 >>>

图 4-2　夏洛特在青海三江源,跟着牧民的摩托车一起感受当地的绿水青山
(来源:中国日报网)

图 4-3　夏洛特在成都逛夜市,感受和品尝美味的中国小吃
(来源:中国日报网)

通过外籍记者在视频里出镜讲述和呈现中国不同地区方方面面的发展变化,外国受众会更有亲近感,也觉得更自然和生动,也才能更好地理解创新、协调、绿色、开放、共享五大发展理念下的中国故事。

让中国故事进入主流舆论场并非一朝一夕之功。在这一过程中,为了让更多国际表达的中国故事落地,目前采取了多重推进的方式。首先是媒体高层合作,中国媒体和世界其他主流媒体进行高层交往,联合制定策略,共同开展传播活动。比如通过世界媒体峰会、金砖国家媒体峰会等活动,协调传播的目标、原则和方式。其次是内容合作,和国外主要新闻机构进行新媒体产品的交换或交易。

此外,媒体还可以和非媒体机构开展合作。各主体间能够通过各自优势的互补,进行信息交流、联合采访、联合培训、联合研究以及相互推广等。比如新华社与国际红十字会就签署合作协议,新华社提供新闻采编和发布资源,国际红十字会提供新闻采访便利,包括允许新华社记者搭乘其包机飞赴战乱地区采访等。通过这些方面一点一滴的努力,可以让国外受众接触到中国故事和中国声音,构建起属于中国的新媒体对外传播舆论场。

4.2 展示负责任大国形象

国家形象是体现一个国家综合实力和影响力的重要方面,通过讲述中国故事,从传统与现代的对比、互动中让中国国家形象在海外变得更加真实和丰满。

1. 准确把握中国形象

中国的大国形象包括文明大国形象、东方大国形象、负责任大国形象和社会主义大国形象四个方面,这也是在新媒体对外传播中塑造和展示的重点。

第一,文明大国形象着重强调中国深厚的历史底蕴、多元一体的民族结构、多样和谐的文化和现代化建设的成绩。

文明大国是对历史民族文化的高度认同,了解中国的文明,才能对当代中国发展特色作出准确把握,才能对当代中国发展道路作出理性选择,也才能科学认识和塑造历史底蕴深厚的中国大国形象。

在新媒体对外报道中,可以突出中华优秀传统文化所蕴含的价值理念和从改革开放实践中总结出的经验智慧,走出国门、引领世界。中国提出的正确义利观、和谐共生的秩序观、互利共赢的发展观,顺应时代的要求,回答了现代人类对世界文明整体发展价值的关切。

案例:新疆一直是外国人比较关注的中国地区之一,很多中国媒体在脸书上通过视频和图片等形式展示了新疆壮美的风光、民众安居乐业的生活(图4-4)。

图 4-4　新疆独山子—库车高速公路
(来源:《人民日报》脸书账号)

新媒体对外传播内容制作

Looking for a pleasant self-driving tour? Dushanzi-Kuqa Highway in NW China's ♯ Xinjiang is known as one of the most beautiful highways in China. The 561-km-long highway runs through grasslands, forests, snow-topped mountains, canyons, and lakes, providing different visual feasts for travelers in four seasons.

寻找愉快的自驾游路线？位于中国西北地区♯新疆的独山子—库车高速公路被誉为中国最美丽的高速公路之一。这条长561公里的高速公路贯穿草原、森林、雪山、峡谷和湖泊，为旅客提供四季不同的视觉盛宴。

第二，东方大国形象表现中国塑造了政治清明、经济发展、文化繁荣、社会稳定、人民团结、山河秀美的图景。

中国实力的提升，是塑造东方大国形象的基本前提。改革开放40年的辉煌成就，体现在方方面面，其中最为显著的当属我国综合国力的大幅跃升，在国际传播中，要不吝于展示这方面的成绩。比如用数据可视化的形式展示我国用几十年时间走完了发达国家几百年走过的发展历程，经济总量跃升为世界第二，制造业规模跃居世界第一，创造了世界发展的奇迹。生活物资从短缺走向充裕，人民生活从贫困走向小康。我国科技发展取得举世瞩目的伟大成就，科技整体能力持续提升，重大创新成果竞相涌现，一些前沿方向开始进入并行、领跑阶段。改革开放带来的经济强大、民生安康、科技发达，有力推动了中国东方大国新形象的塑造。

案例：中国日报网2018年推出双语创意微电影《家书》(Letters from home)，这个微电影改编自真实故事，通过一对普通夫妇40年的书信往来，见证爱情和亲情，呈现他们小家和中国社会的关联与发展，以新颖的思路和手法，巧妙讲述改革开放40年的成就和给中国家庭带来的变化（图4-5、图4-6、图4-7）。

如何向海外读者讲好中国波澜壮阔、成就辉煌的改革开放故事，可能不

4 新媒体对外传播的选题策划 >>>

图 4-5 双语创意微电影《家书》(Letters from home)
(来源:中国日报网)

同媒体会有不同的切入点。中国日报网团队提前查阅了大量资料和报道,给观众呈现了一个细水长流的温情故事:结缘铁路工程的祖孙三代人,几十年里一家人的坚守、理解、拼搏、包容和关爱……这些情感是中国人和外国人共有的体验,既能打动人心,又能以小见大,最关键是让外国读者能生动体会到中国改革开放40年的成就,也体会到这些成就背后几代中国人的奋斗、进取和亲情。

于是,中国日报网的策划团队改编了这对铁路工程师和教师夫妇的故事,采用创新的表现手法,用绿幕拍摄和影视后期抠像合成技术,通过现场灯光和后期道具的搭配,营造极简环境,展现深远意境。整个电影以爱情亲情为线索,展现改革开放40年的大时代背景下普通人细腻而真实的生活,生动新颖。有意思的是,微电影将缩小的人物形象放置于夸张放大的道具背景当中,将故事在信纸上立体呈现,真正实现"跃然纸上"的效果(图4-6)。

微电影注重细节,不同时代布景有明显差异,展示了老百姓衣食住行的

图 4-6 双语创意微电影《家书》(Letters from home)
(来源:中国日报网)

变化。粮票、大白兔奶糖、京九线、北京奥运、高铁、扫地机器人、平板电脑、中国人海外游、《媳妇的美好时代》在非洲热播等等,既能引起海内外读者的共鸣,也悄然展示了中国经济发展、民众生活改善、国家日益自信、文化软实力提高的变化(图 4-7)。

娓娓道来的动人故事,配上耳目一新的视频呈现手段,使这个视频备受海外网友喜爱。许多读者留言表示,自己被故事深深打动,明白中国人的勤奋与付出,充满了爱与亲情,直击人心。

第三,负责任大国形象强调中国坚持和平发展、促进共同繁荣、维护国际公平正义。

中国是亚洲的中国,也是世界的中国。中国以进取的姿态、担当的精神、务实的作风,在国际事务中勇于发挥作用、作出重要贡献,使中国负责任大国的形象日益凸显。

中国的负责任大国新形象,体现在用中国担当维护世界和平上。中国始

图 4-7　双语创意微电影《家书》(*Letters from home*)
(来源：中国日报网)

终坚持和平发展，不仅提出了"和平与发展是当今时代的主题""树立新安全观""构建人类命运共同体"等一系列重大命题，还坚持把这些理念付诸实践，积极参与国际裁军与军控、核不扩散、反恐、打击海盗等领域的国际安全对话与合作，自觉做维护世界和平和地区稳定的坚定力量。通过坚持和力行这些和平主张，中国增进了与世界各国的战略互信，维护了和平的国际环境，也展现了中国世界和平维护者的形象。

中国的负责任大国新形象，体现在用中国动力推动全球发展上。事实上，改革开放这场中国的第二次革命，不仅深刻改变了中国的面貌，也深刻影响着世界的发展。在经济贡献方面，中国经济连续多年对世界经济增长的贡献率超过了30%，是名副其实的世界经济增长重要引擎。

中国的负责任大国新形象，体现在用中国方案完善国际秩序上。通过实施共建"一带一路"倡议、发起创办亚洲基础设施投资银行、设立丝路基金等一系列重大举措，推动构建新型国际关系，推动构建人类命运共同体，取得重大历史性成就。这些中国方案,超越了单一国家利益视角,谋求的是整个人类的共同繁荣,为解决国家间矛盾、处理全球性问题提供了中国经验和智慧,生动展示了中国作为负责任大国的担当。

第四,社会主义大国新形象描绘了中国坚持开放、充满活力的生动图景。

改革开放以来,中国走出了一条中国特色社会主义现代化道路,构建起一个对外更加开放、更加具有亲和力、充满希望、充满活力的社会主义大国新形象。

在过去多年的现代化发展进程中,西方国家的现代化模式几乎是唯一可供效仿的样本。历经改革开放40年的社会主义中国,以无可争辩的强大生命力,创造了世人公认的发展奇迹。一些照搬西方模式的发展中国家,不仅没有实现现代化,反而陷入了经济停滞、社会动乱、民族冲突的危机。因此,中国道路是对社会主义理论的创新,也在全球凸显出中国模式的吸引力。

在具体的对外传播中,国家形象的传播并不一定要大而全,可以集中突出某个点,也能产生事半功倍的效果。要以交流互动的方式传播,以有人情味、生动亲和的方式展示,大幅提高国家形象的亲和力。例如,2016年里约奥运会的闭幕式,东京的8分钟表演上,日本安排他们的首相扮演了超级马里奥的形象,让世界感到亲切。中国近年来推出了熊猫阿璞的卡通形象用于国际推广,CGTN对此进行了报道(图4-8)。

The giant pandas, China's national treasure, have a new global mascot. Its name is "A Pu" and the cartoon is as cute as the black and white bears themselves.

大熊猫,中国的国宝,成为一个新的全球吉祥物。它的名字是"阿璞",卡通形象非常可爱。

2. 整合国外传媒,精准国际传播

新媒体时代对于传统国家形象传播手段提出了新的严峻挑战,但同时也

4 新媒体对外传播的选题策划 >>>

图 4-8 熊猫阿璞的卡通形象

（来源：CGTN 网站）

蕴含着良好国家形象塑造的无限潜力与巨大空间。只有进一步创新国家形象传播手段，着力打造具有较强国际影响的传播旗舰媒体，才能不断强化我国国家形象的传播力、引导力、公信力，增进国外公众对中国的理解和认同。

案例：中国日报网 2019 年两会推出的《全球关注·中国解答》系列报道是一次很好的尝试和探索。2019 年是新中国成立 70 周年，在此大背景下，这一年的全国两会备受国际瞩目。中国日报网发挥对外特色，联合全球 25 个国家的主流媒体，策划推出《全球关注·中国解答》系列视频访谈，海外传播效果显著。这个系列报道的策划从对外角度实现了几个主要的诉求和效果。

首先，开展全球调研，准确定位海外关注重点。

两会召开之前，中国日报网联合英国《每日电讯报》、西班牙埃菲社等全球 25 家主流媒体和网站（图 4-9、图 4-10），共同开展"你最关注的中国话题"调查活动，面向亚欧非美等 20 多个国家和地区的 5 亿读者受众，发掘和搜集

新媒体对外传播内容制作

最受他们关注的两会话题。与此同时,由这些媒体的记者或编辑出镜录制视频,介绍他们最关注的中国话题,并让这些视频成为《全球关注·中国解答》系列视频中的镜头,增强这些海外媒体的关注度和参与度。调查活动推出后,共有20多个国家和地区的5 000多名网友参与调查。

图4-9　西班牙埃菲社网站调查活动页面

(来源:埃菲社网站)

图4-10　亚美尼亚NEWS.am网站调查活动页面

(来源:亚美尼亚NEWS.am网站)

60

调查显示,中国外交政策、经济增长、环保成为最受海外网友关注的三大话题。具体来说,有18.86%的网友关注中国的外交政策和外交事务,其次为中国经济增长(13.64%),再次为环保(13.29%)。其他受关注的话题依次为:就业市场(12.04%)、旅游签证政策(9.49%)、扶贫减贫(8.54%)和外商投资(8.48%)(图4-11)。

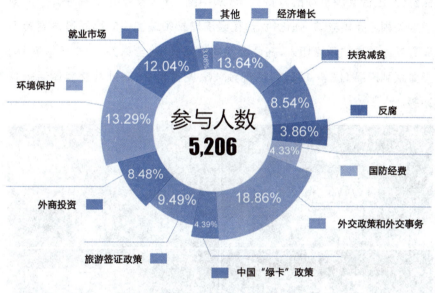

图4-11 "你最关注的中国话题"调查结果
(来源:中国日报网)

同时,和外国媒体的合作也让中国媒体了解到外媒的关注点。乌克兰通讯社表示,乌克兰的求职者非常关注中国的就业市场。由于受乌克兰本国经济危机的影响,受过良好教育的专业人士在本国就业机会有限,纷纷把眼光转向国外,经济高速增长的中国就是他们的潜在目标之一。

希腊雅典马其顿新闻社表示,中国的经济体量决定了中国能够在全球减排中具有相当的话语权,中国也可以成为全球环保变革的引领者。

埃塞俄比亚通讯社资深编辑汉诺克说,中国的国际形象是该通讯社密切关注中国外交政策的原因。中国的文化软实力在不断增强,通过大力推广文化、教育、体育、旅游等国际交流,塑造了和平的国际形象。

其次,全媒体联动,权威回应海外关切。

带着20多个国家、地区网友以及20多家海外主流媒体的问题和关切,中国日报网组织了一系列高端访谈,围绕海外最关注的这些话题,采访国际货币基金组织前副总裁朱民、外交部前副部长何亚非以及美国环保协会、国合会等机构的权威人士,从中国在环保、外商投资、扶贫、外交等相关领域完善立法、强化执行,在经济增长领域加快向高质量发展转型等海外最关注的角度切入,在两会期间推出6期《全球关注,中国解答》融媒体系列产品(图4-12),包括视频、H5、图文稿件、海外社交媒体话题互动等。

图4-12 《全球关注,中国解答》系列视频截图

(来源:中国日报网)

同时,利用大数据分析等手段,让视频报道更精准对标海外关切重点,做出权威回应。一方面,围绕话题采访两会代表、委员;另一方面,推出系列深度报道,以点带面,深入浅出,与网络和新媒体产品优势互补,形成全媒体报道矩阵,并在全球数百家主流媒体网站再次落地推荐,立体、精准、及时地回应好海外关切。

海外主流媒体对该系列产品给予了重点关注和报道(图4-13、图4-14),泰国《民族报》、越南新闻网、柬埔寨《和平岛报》等160余家欧美亚非国家和地区主流媒体及网站、官方社交媒体账号通过英文、蒙古文、高棉文等多个语种,转发、转引了这些报道,对外传播效果十分显著。

图4-13　美国著名金融资讯网站 TheStreet.com 报道页面
(来源：TheStreet.com)

图 4-14　柬埔寨《和平岛报》网站报道页面

(来源：和平岛报网)

4.3　选题策划五步走

每一个选题策划案通过，意味着传统上提出这一方案的编辑，就化身为一名产品经理。要当好产品经理，在选题策划中就需要注意多个环节，才能制作出优秀的对外新媒体产品。

1. 对外传播明确信息

每个对外新媒体产品都是态度明确的新闻，通过中国故事的国际表达，从不同的侧面塑造真实、丰满、立体、全面的中国形象。

案例 1：《人民日报》在海外社交媒体上推出一条关于中国军犬退役的视频[①](图 4-15)。

Canine hero Kela participated in his retirement ceremony hosted by his

---

① https://www.facebook.com/PeoplesDaily/videos/1034700226918450/?q=%20hero%20kela&-epa=FILTERS&-filters=eyJycF9hdXRob3IiOiJ7XCJuYW1lXCI6XCJhdXRob3JcIixcImFyZ3NcIjpcIjE4ODYyNTY2MTE4OTI1OVwifSJ9。

图 4-15　英雄军犬凯拉退役仪式
（来源：《人民日报》脸书账户）

PLA comrades. HERO's come in many forms, and this one has four legs. Thank you, KELA.

英雄军犬凯拉参加了它的解放军战友主持的退役仪式。英雄有很多种，这是四条腿的英雄。谢谢你，凯拉。

之所以选择这样的选题出于两方面的考量：一是西方的中国军事威胁论一直没有平息，通过这一视频可以展现中国军人生活化、人性化的一面；二是西方一直对中国人吃狗肉抱有强烈的不满，因为西方人心目中狗是人类的伙伴，绝对不能当食物，通过这一选题可以让他们看到人与狗友好相处的温情故事，狗也是中国人的亲密伙伴。

新媒体对外传播内容制作

案例2：2019年5月，浙江湖州出生仅6天的新生儿小毛豆因重度窒息不幸离世，她的家人替她做了一个决定：捐献一对眼角膜和一对肾脏。这些器官救治了一位重症患者，并使两位盲人重见光明。而这位小天使，也成了浙江省年龄最小的器官捐献者。中国日报网站第一时间报道了这个温情、感人的故事"Father donates 6-day-old daughter's organs"（出生6天的女婴去世，父亲捐献女儿器官），这个非常小切口的故事体现了浓浓的人文关怀，被很多外国媒体转引转载，在海外社交媒体上也收获了几十万的阅读量和大量积极、正面、温馨的互动、点赞。

2. 提供有信息量的内容

在新媒体对外报道的选题策划中，要密切关注海外受众到底对中国的哪些话题感兴趣，这样报道出来的内容才是受众愿意去了解的；与此同时，又要紧密把握中国正在发生的方方面面的故事，把那些有代表性的，能体现中国新现象、趋势、观点或者角度的内容及时对外传播，这样的内容也才有足够的信息量，才能吸引人。

案例1：2019年3月公布的一份《2019年女性安居报告》发现，中国的大城市女性买房猛增。报告对北京、深圳、上海、杭州、南京、武汉、重庆、合肥、郑州、长沙、苏州、西安共12个城市，近千位18—50岁的女性群体进行了购房方面的调研。结果显示，女性购房者比例在2018年整体达到了近7年来的最高值46.7%，与男性购房者比例已经很接近。而且，74.2%的女性受访者表示她们买房时没有接受伴侣的资助，其中45.2%接受了父母资助，29%能完全凭一己之力买房。

购房、女性独立等话题属于各国民众普遍关心也都津津乐道的，虽然不同国家的国情和风俗不同，但这是很多人在人生中可能会遇到或涉及的现实问题，这些数据从侧面体现了中国社会一些新现象和新趋势。更有意思的是，报告公布还引起了中国网友的热烈讨论，男女网友对这一现象及其原因有各种解读，生动有趣，包括女性成为购房新势力是因为独立意识进一步增强，这样更有安全感，女性认为买房比嫁人更靠谱等等。这些信息很丰富，对外报道也很有意思,报道开头就可以直接点出这些新现象和引起的热议:A survey that reveals the growing role of women as homebuyers, particularly single women in major cities in China, has aroused heated online discussions over women's sense of securtiy, independence and freedom。然后在整个报道中把这些内容逐步展开,从数据到原因分析,加上采访一些买房女性,再到中国网友的反应、评论,还可以讲一下过去中国人买房的特点,最新数据体现出的社会变化和趋势。这样,这篇对外报道的内容就很有吸引力,也比较有深度。如果能把数据做成对比的图表,配在报道中一起发布,就更清晰明了。

案例 2:2019 年第三季度,全球智能手机销量情况公布。在全世界范围内智能手机销量出现同比 0.4% 的下滑,英文报道我们可以说 Smartphone sales see decline worldwide(全球范围智能手机销量下降),报道整体数据情况和分析原因,但这样的信息是不是还可以再挖掘呢?同一时期的数据显示,在整体下降的大背景下,华为手机的销量增长 26%,傲视群雄。对外报道中可以增加这个点——Huawei bucks trend of slumping smartphone sales(华为手机销量逆势增长),可以分析为什么华为手机能实现销量增加,尤其是在华为已受到美国种种限制的情况下。如果能采访到华为公司对此的表态就更有信息量了,还可以联系两到三位业内专家从行业、市场、用户等角度展开分析,这样报道的信息量就充分和扎实得多。

3. 制作好的标题

虽然在新媒体对外传播中要拒绝"标题党",但在策划阶段就要考虑是否能从内容中生成引人关注的标题。

好的标题是成功的一半,这在新媒体传播中已经得到了验证。如果是信息型的产品,用户会通过标题迅速获取基本的信息和新闻事实,继而有更强烈的热情和好奇心去阅读全文。观点型的产品,受众可以通过标题了解媒体想要表达的立场。这两种产品有不同的标题制作方式。

信息型产品的标题要注意客观,但可以醒目地把可能吸引读者的点体现出来。

案例1：2019年10月15日，中国首艘自主建造的极地科学考察破冰船——"雪龙2号"从深圳开启首航。对外报道中，英文标题可以直接说Xuelong 2 starts its maiden voyage（"雪龙2号"首航），这本身没有任何问题，但如果给标题加一个更有吸引力的信息，Xuelong 2 starts its maiden voyage to Antarctic（"雪龙2号"首航远征南极），效果就会更好。因为"雪龙2号"此行是开启中国第36次南极科考之旅，对广大读者来说，很难抵达的南极天生带有神秘感，大家一看标题点出来这艘科考船要去南极，阅读兴趣自然会增加，也更有利于我们对外信息的传播。

案例2：2019年12月2日，联合国气候变化大会在西班牙马德里开幕，各国与会代表就《巴黎协定》实施细则等议题展开进一步谈判。会议过程中，中国代表团团长、生态环境部副部长赵英民公布了重要信息：2011年以来，中国累计安排10亿多元财政资金用于开展气候变化南南合作，给了发展中国家切实的支持。在这种国际广泛关注的重要场合，我们的对外报道肯定要第一时间发布这些信息，如果标题是China helps developing countries tackle climate change（中国帮助发展中国家应对气候变化），内容上完全正确，但如果能巧妙地在标题中点出总的金额，体现中国真金白银在为气候变化付出务实的努力，可以更吸引海外受众的注意，对外传播的效果会更明显。因此，标题可以改成China's climate funding to developing nations tops 1b yuan（中国10亿多元气候变化资金支持发展中国家），充分展示中国积极承担国际责任，在世界高度关注的气候变化问题上尽力。

和信息型新闻产品不同，观点型产品是言论和态度的明确表达，用立场来创造共鸣，是体现媒体灵魂的声音。例如，2020年在全球抗击新型冠状病毒疫情的过程中，美国一些政客以及媒体抛出了不少质疑、歪曲和"甩锅"中国的声音，我们对外发表文章，呼吁美国停止无端指责和推卸责任，呼吁中国和美国两个大国加强合作，共同抗击疫情。文章的标题可以直截了当表明这个观点，Sino-US cooperation crucial to contain virus（中美合作抗击疫情至关重要），然后在这个观点下集中展开层层论述。

另外，国内外都关注疫情防控过程中企业生产和生存的问题，这时候，就发表观点类的文章，在安全的前提下，积极呼吁政府提供各方面的支持和帮助措施，让企业尽快复工复产，确保经济和就业稳定。因此，标题就可以紧扣这个意思，Enterprises should be helped to restart production at the earliest（应帮助企业尽快复工复产）。

4. 热点新闻与独到角度

热点新闻是媒体趋之若鹜、竞相报道的焦点，也是公众普遍关心的新闻，在对外传播中自带流量，例如，突然发生的自然灾害、恐怖袭击、国际上的重要会议、全球领域内有影响力的论坛、世界知名人士去世、太空探索领域的重大进展、科学领域的巨大突破等，都是国际社会关注的热点问题。但热点新闻需要思考如何做出特色，找到独家角度，因为国际国内媒体都会加大马力来报道这些内容。在激烈的竞争中，选择合适的切入角度才能脱颖而出，不被淹没；同时要善于从新闻线索中挖掘更深入的信息，用新颖的报道方式，推出别开生面的新闻。

案例1：2018年3月4日，英国物理学家霍金去世。这位顶尖科学家在世界享有极高知名度，各国媒体都在第一时间推送了这一消息，并迅速发出各种丰富、深度、全面的报道，包括他从小到大的故事、杰出的科学成就、"渐冻症"的坎坷和人生抗争以及情感经历，不一而足。

这时候，中国媒体要找到不同寻常的角度，可以讲述霍金一生中与中国的缘分，中国科学界以及广大民众对他去世的哀悼与怀念，他对中国年轻人的影响等等。霍金曾三次来到中国，并两次登上长城。1985年4月28日，当时43岁的霍金第一次来到中国，访问了中国科技大学和北京师范大学。他在中国科技大学发表了重要演讲，一次是关于黑洞形成的理论，一次关于时间为什么总是向前。2002年8月，霍金再次来到中国，但已无法用自己的声音阐述宇宙的奥秘，只能依靠轮椅上的语言合成器与人交流。霍金第三次来中国是2006年6月，在北京参加当年的国际弦理论大会。这些故事报道出来就很有独特性。

而且,霍金在中国的粉丝非常多,网上互动也很热烈。2016年4月12日,霍金在新浪开通自己的微博并先后发布了两条状态,介绍自己如何与中国结缘以及未来的"突破射星"计划中的纳米飞行器。微博发出后不久就迅速引爆网络,短短两天收获了300多万粉丝和50多万条评论。

围绕这些,我们的媒体可以报道中国对霍金去世的哀悼:Beijing expressed its condolences to the family and loved ones of world-renowned scientist Stephen Hawking who passed away on Wednesday。

还可以报道中国各界高度肯定霍金的科学贡献及其与疾病的抗争:Hawking and his contribution will be remembered forever. He was an outstanding scientist and a fighter who struggled against the disease and contributed greatly to mankind's understanding of science。

当然要重点提到霍金来过中国三次,讲述他与中国科学界的交流以及登长城的故事:Hawking visited China for three times. He also admired Chinese culture and insisted on climbing onto the Great Wall with the help of his assistants。

还可以报道中国网友对他的深切怀念和哀悼,他非凡的成就和不同寻常的人生经历激发了年轻人对科学探索的追求:Hawking inspired Chinese youngsters。

案例2:每年1月,在瑞士达沃斯举办的世界经济论坛(World Economic Forum),又称为"达沃斯论坛",是全球媒体激烈角逐的论坛之一。该论坛以研究和探讨世界经济领域存在的问题、促进国际经济合作与交流为宗旨,素有"经济联合国"和"世界经济风向标"之称,世界各国的领导人、全球知名的企业家、智库专家等都会来出席或发表重要演讲,大咖满座,嘉宾云集。

在这种场合,各国媒体都铆足了劲推出各种报道,中国媒体如何进行对外传播呢?如何推出有特色的报道呢?答案是要巧妙体现中国角度,这是中国媒体和其他媒体不一样的地方,也是有特点之处,因此要主动积极去采访中国代表团、中国企业家,除了发布英文报道,还可以拍摄视频,加上英文字幕。在中国对世界经济具有重要拉动作用的今天,中国的一举一动深受关注,中国媒体可以及时对外传递这些中国声音,让外界了解中国对世界经济问题的态度和立场,中国未来在经济领域可能的动向和举措,企业发展的轨迹和规划,以及投资、贸易、人民币汇率等热门话题;与此同时,也要根据论坛的日程安排,想尽各种办法去采访参会的政要和大咖,问一些和当年经济热点相关的以及和中国相关的问题,及时推出相关报道;在达沃斯论坛的前方记者和后方编辑团队还要密切配合,围绕热点话题推出专题,呈现不同国家人士就同一话题的不同观点,还可以通过动画、图表等生动清晰的形式加以呈现。

5. 选题会上打擂台

除了前面讲的几个要点,从事对外报道还要学会主动设置议题,很多非突发新闻和非热点新闻,需要做好选题策划。通常每家媒体都会有专门的选题会,大家一起针对某个或某几个选题的策划方案、报道思路进行讨论,如何在这样的"华山论剑"中胜出,拿出不错的报道计划呢?

在选题会上,参与报道的人员需要系统性地介绍自己的选题内容、报道方向、采访对象,还要介绍计划推出的新媒体产品的表现形式和落地渠道、预期完成时间和预期效果等。

例如,2019年11月,上海举行第二届中国国际进口博览会,参与报道的人员需要提前做大量的准备功课,要知道第二届进博会和首届有哪些不同,这次来上海的参展国家和企业有什么特点,有什么值得期待的展品,然后在选题策划会上提出自己计划采访哪些国家、哪些企业,做什么角度和方向的题目,还要报道首届进博会签约后的落实情况;视频拍摄人员需要准备脚本,为了体现对外角度,可以考虑请外籍记者出镜,做成"外籍记者带你看进博会"的直播,讲清楚准备展示哪些展区,路线如何安排等等。

选题会是一个擂台,针对每个人提报的选题,大家都会参与讨论,一起分析选题角度是否合适,还有没有更新颖的创意和思路,采访对象有哪些资源

新媒体对外传播内容制作

可以联系到,还有哪些角度可以补充和完善,视频呈现的过程中谁来出镜、在哪里拍摄等细节,媒体人习惯称之为"头脑风暴"。在这个过程中,除了原本的选题和思路外,大家经常会碰撞出来新的选题和更好更周全的方案,有时候甚至原来的选题会完全改变。一言以蔽之,好的选题是"千锤百炼"策划出来的。

4.4 借鉴新的内容生产方式

随着媒体业态的发展和技术的进步,全程媒体、全息媒体、全员媒体、全效媒体的变化也在新媒体对外传播中体现出来。专业媒体固然是对外传播的主力军,但其他一些力量也参与到对外传播中来,这是十年前对外传播中没有的情况。为适应新形势,更好地完成对外传播工作,专业媒体也要与这些新兴的信息源合作,取长补短。

在对外政治新闻的报道中,外交部的消息一直都有一席之地,因为它代表着中国对外政策的权威声音。以往媒体会采访外交部的例行新闻发布会,并形成文字、图片、视频等多种形式的新闻产品向外传播。而现在的新变化是,外交部会通过社交媒体直接传递一些信息。中国外交部在2019年10月注册的推特账户"Spokesperson发言人办公室",于12月2日开始发布英文推文,引发关注(图4-16)。该推特介绍称,"Follow us to know more about China's Diplomacy"(关注我们可以了解有关中国外交的更多信息)。在运营近一个月后,截至2019年12月底,该账号已经有1.8万粉丝。

外交部的英文推文更新频率比较高,有时一天会发四五条推文,其推文写作相对口语化,甚至会使用LOL(laugh out loud,意为大笑)等网络流行用语,采用表情符号等非正式的表达。例如,外交部有一篇推文这样写道:♯China has become powerful with US money? LOL! ♯US investment accounts for only 4.06% of all foreign investment to China since 1987, but China's vast market feeds & fattens up numerous US enterprises。

4 新媒体对外传播的选题策划 >>>

图 4-16 外交部推特账户

#中国变得强大是用了美国的钱？哈哈！从 1987 年以来#美国投资只占中国外资总额的 4.06%，而中国广阔的市场养活、养肥了众多美国企业。

外交部的推文在涉及与相关国家的话题时，还会使用@功能，比如@mfa_russia（俄罗斯外交部）、@mfaethiopia（埃塞俄比亚外交部）等，但总体来说，目前这一领域的话题互动并不活跃。例如，

Congratulations! Ethiopia's first satellite launched. This satellite will help Ethiopia to cope with climate change and improve its agriculture for the benefit of every Ethiopian. China always does its best to keep its promises

73

to African brothers. @mfaethiopia

恭喜！埃塞俄比亚的第一颗卫星发射了。这颗卫星将帮助埃塞俄比亚应对气候变化、改善农业，惠及每一位埃塞俄比亚人。中国始终尽最大努力履行对非洲兄弟的承诺。@埃塞俄比亚外交部

此外，在涉及一些外国媒体对中国的不实报道时，外交部也会直接@外国相关媒体。比如曾在中国服刑的英国《金融时报》前记者韩飞龙（Peter Humphrey）在《泰晤士报》刊文称，伦敦一名6岁女孩在从英国最大零售商乐购超市购买的圣诞贺卡中发现字样称，"我们是上海青浦监狱的外国囚犯，被迫强制劳动"。对此外交部推文回应称：

Forced labour by foreign convicts never happens in Shanghai Qingpu prison. @thetimes @FT

上海青浦监狱根本不存在外籍罪犯强制劳动的情况。@泰晤士报 @金融时报

在我们展开研究的88条推文样本中，外交部的英文内容和官方媒体的报道内容在选题上重叠并不多，互动也不频繁。不过，随着渠道的打通，双方可以在一些重要选题上加强交流与合作，在写作风格和传播渠道上进行互补。

除了外交部这样的"国家队"进入对外传播领域外，还有"网红"也成为新的对外传播的流量入口，在这方面表现比较突出的是在优兔平台上李子柒（图4-17）、"办公室小野"、"废柴爱迪生"等团队的视频作品。

截至2019年12月，李子柒在优兔平台上有将近800万粉丝，其作品让外界看到了中国年轻人生活方式中亲近自然、放松温馨、别有意趣的一面，对于增进世界对中国的全方位理解、破除刻板印象有积极意义，而这种大众文化传播方式也有着独特优势。这些视频里没有对中国文化进行直接的介绍和

夸赞,甚至连台词都很少,标题和描述也很简单,如"Let me ask you, what would you eat on snowy days if not hot pot? | Snowy days go well with hot pot",重点是从画面中体现共通的价值和情感。其 10 分钟左右的短视频从专业性上看,甚至不输成熟的工业化纪录片,视频通常需要数天甚至数月的跟拍,大量延时拍摄则被用于展现时节变化之美,此外还运用了滤镜调色、微距特写、不同场景的中远景切换等技术。

在脸书平台上李子柒账号也有将近 300 万粉丝。其团队注意到了平台传播特点的差异,在脸书上除了主打的视频外,还多了一些介绍性的文字内容,如:

图 4-17 李子柒优兔频道截图

> Around the Beginning of Summer, plant a piece of ginger to grow.
> Leave it to the sunshine and dew, and let a hot summer brew.
> Dig it out and store in the cellar, right before frost and snow.
> Make the remains into ginger-date paste with brown sugar,
> Ginger-tangerine jam, and ginger-rice tea.
> Stew some pettitoes in ginger vinegar,
> Or braise a duck with tender ginger.
> Eat it, use it, every bit of it. What a treasure from nature!
> 立夏前后,埋下姜种。

新媒体对外传播内容制作

> 阳光、空气和雨露,历过炎夏。
> 霜雪将至,挖出窖藏。
> 用剩角料做了红糖、姜枣膏、姜桔酱和姜米茶。
> 煲了猪脚姜,烧了个仔姜鸭。
> 吃的用的,生姜全身都是宝来着!

无论政府部门直接发声还是民间网红,在互联网时代,对外文化传播有了更多载体、平台和渠道,所产生的影响力和传播力已大大超越了以往。在新媒体对外传播中,要借鉴不同的信息提供方讲述中国故事的方式和形式,跟上传播环境的变化,形成多元化、矩阵化的国际传播产品。

4.5 了解国外选题思路

在新媒体对外报道中要注意做到"中国故事,国际表达",这样才能在传播过程中起到事半功倍的效果。"国际表达"意味着要了解国外新媒体传播的动向和进展。

技术进步带来的新业态、新形式的变化同样冲击着西方媒体,从美国在线到雅虎再到《赫芬顿邮报》,这些媒体都曾站上新闻潮头,但也都只是各领风骚三五年,就被取代。倒是一些传统的英美老牌媒体,在经历了新技术冲击的阵痛后,迅速"师夷长技以制夷",将新的传播形式和深厚的报道功底相结合,让新闻传播历久弥新。

这些传统新闻机构仍牢牢把握着国际传播的话语权,他们在新媒体传播上的一些尝试,代表着国际传播的创新方向。因此,关注英美一些主流媒体的新型传播方式,对中国新媒体改善对外传播有他山之石之效。

1. 交互体验增强传播合力

随着互联网技术的发展和媒体融合进程的推进,新型新闻形式正在取代传统的新闻形式,数据新闻、移动新闻等方兴未艾,越来越多样化。在此基础

4 新媒体对外传播的选题策划 >>>

上,英国媒体很注重推出用户体验和用户参与度好的交互式新闻产品。

(1) 与线下活动充分结合:"里约跑"(RioRun)

在 2016 年里约奥运会报道中,英国《卫报》和英国广播公司(BBC)等媒体都推出了自己的交互式新闻产品。《卫报》推出一款名为"里约跑"[①]的互动产品(图 4-18);BBC 则将里约奥运会的 10 500 名运动员做成一个数据库,读者可根据自己的数据选择出与自己匹配的运动员。这两款交互产品形式轻松活泼,读者参与度高,形成了线上和线下的传播合力。

图 4-18 与线下活动充分结合的"里约跑"(RioRun)
(来源:英国《卫报》网站)

"里约跑"不需要读者下载任何软件或者客户端 APP(直接降低参与门槛),只需要用手机(因为事实上用户也不可能抱着电脑跑)登陆《卫报》网站的"里约跑"频道(riorun.theguardian.com),就可以自动进入到交互游戏模式。读者可以选择户外模式和跑步机模式,系统会对读者每一次跑步的数据进行存储,以便在下一次进入游戏模式时可以从上一次停止的地方开始。游戏的挑战是,要求读者在两周内完成一次马拉松。该产品还会在读者跑步过程中

---

① https://riorun.theguardian.com/。

同时为读者介绍里约的历史和城市状况。完成两周的马拉松比赛后,产品会将所有参与者的成绩汇总,每一个参与者都可以看到自己的排名。

"里约跑"将新闻、游戏、社交以及信息传播有效结合起来,具有非常好的用户体验,参与性强,彻底摆脱了纸质媒体的静态报道模式。

(2) 把交互变成游戏:"找找你和谁最像"(Who is your Olympic body match)

"里约跑"结合的是线下活动,BBC 在里约奥运会期间推出的"找找你和谁最像"(Who is your Olympic body match)[1]则更多是基于大数据基础上的互动产品。

首先,这些数据都有公开来源,任何人都可获取。参加里约奥运会的一万多名运动员,其年龄、身高、体重等信息都在奥林匹克官网上公开。BBC 利用这些公开的数据形成自己的数据库,然后形成产品逻辑,再进行数据分析和可视化操作。每一个上 BBC 网站的读者进入这个页面,都可以输入自己的数据进行匹配。

而且在这个过程中,BBC 还会将读者的数据与运动员整体的情况进行对比,然后告诉读者,你这个体型在运动员中处于什么地位,包括最高最矮、最胖最瘦、最老最小这些有趣的知识。这样既保证了读者的参与性,又能有效传递运动员的各种信息。

图 4-19 是这个交互产品的起始页,读者可以在其中填入数据(图中假定

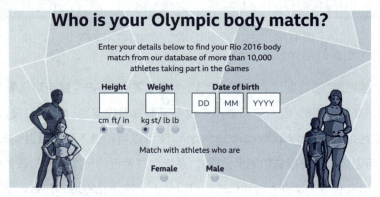

图 4-19 "找找你和谁最像"(Who is your Olympic body match)
(来源:BBC)

---

[1] https://www.bbc.com/sport/olympics/36984887。

输入数据的读者身高为 170 cm,体重 70 公斤,出生日期为 1997 年 7 月 1 日)。

开始匹配后,网站会生成与读者提供数据相关的数据图(图 4-20):

You are the same height as 576 athletes. The shortest athlete in the database is Brazilian gymnast Flavia Saraiva at 1.33m (4ft 4in). The tallest athlete is Li Muhao, a Chinese basketball player who stands almost a metre taller at 2.18m (7ft 2in). The average height of athletes at the Games is 1.77m (5ft 10in).

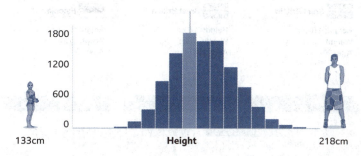

图 4-20 "找找你和谁最像"(Who is your Olympic body match)
(来源:BBC)

身高、体重和年龄都会生成类似图 4-20 的结果,分别告诉读者运动员中最矮/最高、最轻/最重、最年轻/最年长的,以及与读者身高(体重、年龄)相同的运动员的数量。

游戏根据读者提供的体形以及性别,找出与读者身高和体重一样的运动员。通过这种方式,将新闻报道融入互动产品中(图 4-21)。

(3) 通过交互,让读者成为内容生产的一部分

让读者成为内容生产链条的一部分,是交互式新闻产品的形式之一。从英国主流媒体看,很受欢迎的一种融合就是通过强化互动来尽可能吸引读者参与。具体操作方法如下:

首先,请读者投票,并将投票结果产品化。例如,《每日电讯报》通过投票的方式来强化交互,推出"你来选出奥林匹克最伟大的时刻"(THE WORLD IS VOTING FOR THE GREATEST OLYMPIC MOMENT OF ALL)[①](图 4-22)投票,里

---

① https://www.telegraph.co.uk/sport/olympics/picturegalleries/8875027/Greatest-Olympic-moments.html。

新媒体对外传播内容制作

图 4-21 "找找你和谁最像"(Who is your Olympic body match)
(来源：BBC)

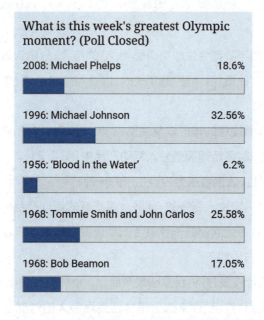

图 4-22 "你来选出奥林匹克最伟大的时刻"
(THE WORLD IS VOTING FOR THE GREATEST OLYMPIC MOMENT OF ALL)

(来源：英国《每日电讯报》网站)

约奥运会正式揭幕前,在网站上发起读者投票来做互动,请读者选出他们眼中最伟大的奥林匹克时刻。然后把投票结果通过互动图呈现给读者,一目了然。

其次,让读者参与趣味测试。小测试正成为不少媒体强化交互的一种形式。起初,Buzzfeed网站将这种趣味测试作为自己的一大特色。后来,其他主流媒体也开始借鉴和尝试。以《卫报》为例,该报在推特上专门建立了一个"Guardian Daily Quiz"的账号,每天的测试会通过这个账号和网站发布给读者,吸引读者参与。一般测试题都比较有趣,读者可以参与制作测试题,答题后可在社交媒体上分享自己的测试结果。读者在测试中反馈的内容又可以成为社交媒体受欢迎、易传播的话题,一举两得。

2. 社交媒体互动化扩大传播效果

互动是社交媒体的本质和核心。英国主流媒体的记者、编辑,都非常重视通过社交媒体来传播本机构的新闻报道。在重大突发新闻中,媒体的社交账号不仅仅是获取信息或者传递本机构报道的平台,更重要的是可根据实际需求进行交互式报道。

典型案例之一是当地时间2015年11月13日晚,巴黎遭遇严重恐怖袭击,全球震惊。面对这一突发新闻,《卫报》、BBC、《每日电讯报》等英国主流媒体网站、客户端和社交媒体账号均在第一时间开启立体渗入报道模式,互相关联进行直播,充分利用融合媒体的优势,通过多种渠道、途径和方式展开报道,吸引读者的关注。图4-23为BBC当时迅速推出的巴黎恐怖袭击事发地示意图。

当时,有网友直接通过社交账号直播自己被困的情况,英国媒体的社交账号迅速与这些账号展开互动,及时进行播报;巴黎当天在社交媒体组织和发动了PortesOuvertes(开门)活动,为袭击事件中的逃难者提供避难所,很多媒体也迅速跟进,与之积极互动,产生了更多的报道内容。

3. 可视化让新闻更立体

新闻可视化是英国媒体融合报道的一大利器。在总结自己的特点时,

图4-23 巴黎恐怖袭击事发地示意图

(来源：BBC)

《卫报》的可视化团队用了这样一个简单表述："要展示，而不是告知"(We show, we don't tell)。

在过去较长时间里，媒体的主要功能是告知。但在媒体融合的时代，简单的告知已经越来越不受欢迎。英国主流媒体很早就注意到这个问题，特别是新媒体的出现，已经完全改变了原有的传播模式，为新闻呈现提供了全新的工具。因此，将信息变得可见，表达形式尽可能轻松，贴近读者，成为英国媒体吸引读者的主要方式，其中较为常用的手段和方式包括通过可视化，将新闻变得可见、形象。

可视化现在已经成为融合报道的标配。怎样利用网站和新媒体的技术特点，找到最贴近读者的表现形式，为读者提供视角独特又"满是干货"的新闻，不同媒体各有诀窍。

4 新媒体对外传播的选题策划

《卫报》是传统媒体进行数据可视化的先驱，2009年3月成立了全球第一个数字新闻部，其网站上还有专门的大数据频道。通过搜集分析大数据，再结合图表、地图、互动效果等进行可视化呈现。《卫报》有专门的可视化团队，在推特上还特地建立了可视化团队账号，专门发布《卫报》可视化作品。

在里约奥运会期间，《卫报》可视化团队提供了大量作品。例如，在英国自行车队击败澳大利亚获得自行车男子团体追逐赛金牌后，《卫报》团队将两队比赛的过程一步一步进行分解，在每一个关键节点去对比两队成绩，呈现英国击败澳大利亚的具体过程。这种方式不仅报道比赛本身，而且将整个比赛过程进行直观清晰的解读，以简单形象的方式呈现给读者（图4-24）。

以同样的方式，《卫报》通过提前策划，在网站上推出了十多期类似的

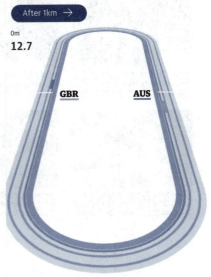

图4-24 比赛轨迹
（来源：英国《卫报》网站）

可视化报道，用这一技术分析了奥运会中更多受关注的比赛和项目，形成了规模效应和品牌效应，取得很好的传播效果（图4-25）。

这些作品同时也在推特上进行传播。《卫报》可视化团队很早就注册了自己的推特账号，他们将对比赛过程的分解制作成GIF格式，然后在账号上发布，并为自己的网站引流。

BBC的可视化团队也很早在推特上注册了账号，名为"BBC News Graphics"。这个账号基本保持每日更新。BBC网站每天的图解新闻都会通过这个账号发布，并引流到自己的网站上。

图 4-25 《卫报》的可视化作品

(来源：英国《卫报》网站)

图 4-26 是 BBC 网站的可视化作品之一，是 2015 年和 2016 年恐怖组织"伊斯兰国"占领区域的对比，通过变化呈现该组织近年来受到的打击。

BBC 多次利用这种新旧图片对比的方式来进行可视化操作。鼠标往右拉露出左边的内容，鼠标往左拉露出右边的内容。此类表现手法，BBC 还经常用于地震报道，进行地震前后的对比呈现。这种方式简单易行，可重复利用，传播效果也不错。

4. 大数据运用提升报道水准

媒体融合发展与大数据的运用密不可分。实际上，大部分可视化报道都是数据新闻的一种。因此，挖掘数据并以可视化方式表达数据、传播数据，也是英国媒体在融合报道方面的经验之一。通过大数据的运用，把与读者较远

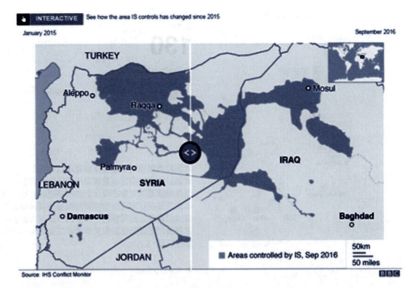

图 4-26 "伊斯兰国"占领区域的对比

（来源：BBC）

的新闻或者停留在表面的新闻，变成与读者休戚相关的新闻。

例如，英国政府对全国外卖店和餐馆进行检查后发现，有 7 000 多家外卖店不符合卫生标准。《卫报》在呈现的时候，并不是将 7 000 家店直接呈现给读者，而是充分运用好这些数据，由读者选择自己的区域，将 7 000 多家问题外卖餐馆中与读者直接相关的信息传递出来。

读者可以在网上的图中左边选择自己的区域，或者在右边地图上直接点击自己所在的区域，然后就会呈现读者所在区域外卖店的卫生情况，如图 4-27。

同样以里约奥运报道为例。奥运结束后，BBC 运用大数据将 130 名获得奖牌的英国运动员进行呈现。让读者辨认运动员头像，点击头像，右侧就会出现这名运动的资料，包括姓名、项目、所获奖牌等（图 4-28）。这种方式将英国这次奥运会的奖牌功臣进行可视化呈现，数据、图片和精简介绍相得益彰。

除了利用数据本身来做好新闻融合产品的呈现，大数据的分析和价值在融合的进程中也随时在体现。

英国《每日电讯报》有自己专门的数据分析系统。系统对网站流量进行

新媒体对外传播内容制作

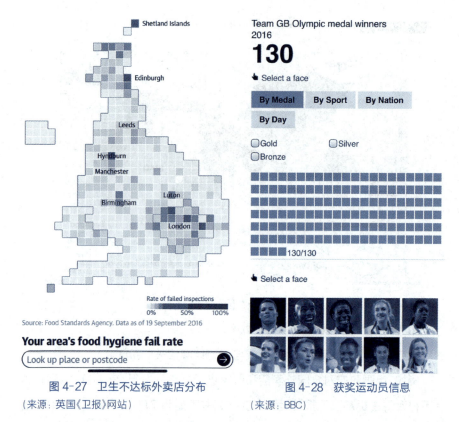

图 4-27 卫生不达标外卖店分布　　　　图 4-28 获奖运动员信息
（来源：英国《卫报》网站）　　　　　　（来源：BBC）

实时监控，编辑随时可以根据读者的数据做出反馈，对最受关注的内容进行持续和多角度的跟踪。系统的功能包括分析读者在 24 小时内的实时变化、阅读停留时间、来自哪里，以及读者关注的热门话题排行等。

不过，虽然浏览数据很重要，但这并不是《每日电讯报》网站的核心考量指标，数据更多是用来指导编务决策。例如，一篇发布在健康频道关于预防某种疾病的学术文章，阅读量并不乐观，但如果通过后台数据发现，某一时段女性频道访问权重较大，编辑会及时调整该文章角度，增加女性关注的内容，再将文章重新发布到女性频道。

《卫报》也开发了自己的数据分析系统，以清晰的方式为采编搜集、整理和分析数据。通过这些系统，编辑可以实时分析社交媒体上的新闻热点，实时监控突发新闻，并根据社交媒体的热点话题，建议和指导新闻的处理和发布。

5 新媒体对外传播的采编技能

新媒体的新是全方位的,但是也有媒体只看到新形式,而不顾新内容,只是把报纸、广播、电视的内容原封不动地照搬到网站或者手机上,这种"新瓶装老酒"的行为看似省事,实际上却很难达到良好的传播效果。对新媒体来说,只有针对其特有的展现形式和传播规律,量身打造内容,才能取得更好的对外传播效果。

5.1 移动优先

"把世界装进口袋里"是技术公司最响亮的口号。随着移动互联技术的普及,大众的新闻消费越来越多在移动平台上完成。在手机或者平板电脑上,新闻可以无国界传播和全时段传播,给新闻报道带来全新的空间。

现在只要制作方拿出好的新媒体产品,在任何时候、任何地方都能找到受众,新媒体让新闻信息无处不在、无所不及、无人不用。对新闻的制作而言,周期的概念被淡化。以前新闻周刊的制作周期是七天,日报的周期是一天,新闻节目的周期是几个小时,而现在的新媒体周期被进一步压缩。

新媒体对外传播内容制作

1. 文字是速度最快的传播方式

新媒体时代是一个争夺注意力的时代,虽然人们对新闻产品的容忍度相对较高,不像娱乐短视频那样只要前 4.7 秒引不起兴趣就直接忽略,但新闻产品同样要观点鲜明,这样才能让人有兴趣点开,然后读下去,将他们从浏览者变为真正的读者。

网络读者选择范围更广,他们会粗略看看网页上是否有自己需要的信息,如果看不到,他们马上就会转去其他的网站或者别的应用程序。所以,新媒体新闻在制作的时候一定要在故事一开始就把读者所需要的信息提供给他们。

新闻阅读移动化是发展的趋势。手机平台的特点在于其便携性和使用灵活,人们随时随地可利用碎片化时间浏览新闻,在有突发新闻时也能通过推送第一时间获取信息。在了解手机平台优势的同时,也要清楚手机的局限,这样才能有的放矢地制作出高质量的新媒体新闻。

比起图片和视频,文字制作快捷,传播迅速,并能快速提炼最重要的信息,节约读者获取信息的时间成本,因此是新闻移动阅读的第一落点。

案例:2020 年 3 月 9 日,美国股市发生 23 年来第一次熔断。开盘仅 4 分钟,标普 500 指数跌幅稳稳锁在 7%,触发一层熔断。人们首先接收到的就是文字推送信息,如图 5-1。

> **MARKETS**
> # S&P 500 Plunges 7%, Triggering Market-Wide Stock Trading Halt
> - NYSE rules pause trading at 7% drop in S&P 500 cash market
> - Markets will close if plunge gets to 20% during the day

图 5-1　标普 500 指数大跌 7%,触发股市熔断
(来源:彭博社)

S&P 500 Plunges 7%, Triggering Market-Wide Stock Trading Halt

NYSE rules pauses trading at 7% drop in S&P 500 cash market

Market will close if plunge gets to 20% during the day

标普 500 指数大跌 7%，触发股市熔断

纽交所规定标普 500 指数跌幅达 7% 时暂停交易

当跌幅达 20% 时，当日交易结束

文字简洁明了，只用三行就解释了股市波动的事实、背景和潜在影响，如果用其他形式涵盖这些信息要素，很难做到第一时间播发。

2. 移动版本文字精练，涵盖最基本信息

手机平台的新闻写作应尽量言简意赅，尤其是在实时推送中，尽量使用名词和动词，减少形容词和副词的使用。在手机屏幕上展现的内容要注意屏幕大小的限制，新闻条目要尽量简短清晰，必须斟酌使用每一个字。

为做到这一点，除了突发新闻要抓紧时间写好推送外，对于时效要求没那么严格的内容，在屏幕上敲下整段内容前要对新闻有一个整体的把握，选择更正确的词汇和更方便阅读的表达方式。这一做法也有助于向全球受众传递消息，因为在对外新媒体传播中的受众遍布世界各地，无论是中文阅读还是英文阅读，都要考虑非母语受众的阅读门槛，要争取让各地的读者观众都能够通过简单的语言了解新闻内容。

和纸媒阅读及网站阅读不同的是，手机平台上的新闻要尽量精干。如果为新闻网站写消息，可以写 1 500 个英文单词甚或更长，但这样的篇幅对手机的屏幕来说就太长了，需要上下多次滑动才能阅读至文尾。下拉超过三次往往就会引起读者厌烦，因此在为手机写消息时，尽量控制在 600 个英文单词左右，大约是三屏显示的字数。

由于在屏幕或者手机上看新闻没有在报纸上看那么方便，通常不需要在故事中加入太多的背景信息，如果读者需要了解那些信息，可以通过链接让他们查阅有关的报道。如果报道中包括几方面的内容，那么可以考虑将报道分为几个部分,这样可以更方便读者找到自己想要的信息。

案例:2019年3月26日,美国特别检察官穆勒调查报告未认定特朗普竞选团队通俄,该报道的手机推送版如图5-2。

Breaking News:Mueller did not find Trump or his campaign conspired with Russia, also did not exonerate him on obstruction.

突发新闻:穆勒没有发现特朗普或其竞选团队与俄罗斯密谋,也没有发现他阻挠司法。

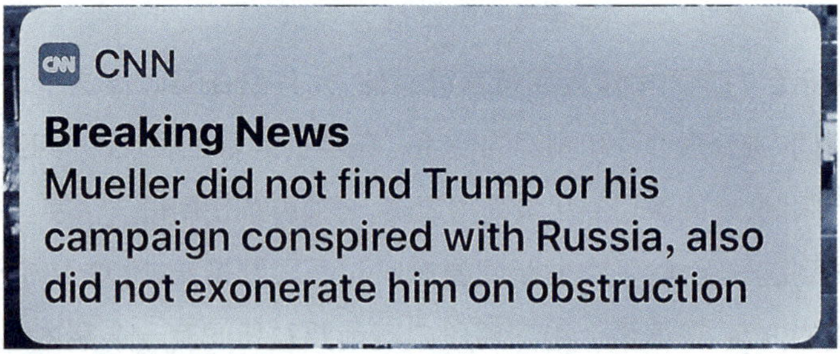

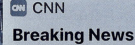

图5-2 美国有线电视新闻网(CNN)新闻推送
(来源:CNN)

在图5-3中,CNN客户端的报道直接采用之前作为突发新闻推送的短讯的标题,满足了新闻的基本要素。但这一运作方式也有不足之处,就是在适配方面,文章标题占了四行,显得比较拖沓。文章标题最理想的长度是不超过14个英文单词,在这个长度内,标题在手机屏幕上就能在两行中显示出来,这样的标题在手机屏幕上就很容易阅读。去掉形容词,使用缩写,往往能有效缩短标题的长度。读者往往会浏览网站或者客户端的首页,一条好的标题可以让他们了解故事的梗概,这样他们才有兴趣点击进入具体报道,而且在往下读的时候也不会因为发现文不对题而失望。

在处理完标题之后,主体内容的简洁同样重要。想象要在一个狂风大雨的嘈杂环境下给人讲一件事,会用哪些话最清楚且简短地说明,这通常就应该成为报道的第一段。后面在写作过程中,处理直接引语和间接引语时也要力争简洁明了,直接支持写作的主题。避免使用冗长、态度含糊的引语,只在需要的地方使用简短的引语,把它们放在最能发挥作用的地方。上面 CNN 的这篇文章做得比较好,在第二段中只引用了"does not exonerate him"四个单词,符合极简主义的原则。

3. 网页版篇幅进一步拓展

除了客户端版,穆勒调查报告未发现特朗普竞选团队通俄这条新闻还有网页版①,网页版配了一条约一分钟的新闻短视频,让消息的呈现更加丰富,使报道中的人物的声音或图像显现出来。这种文字、图像和声音集成的作品,是新媒体的优势所在。

图 5-3　美国有线电视新闻网
　　　　（CNN）客户端报道

(来源：CNN)

网页版内容如下（前 8 段）：

Washington（CNN）Special counsel Robert Mueller did not find Donald Trump's campaign or associates conspired with Russia, Attorney General William Barr said Sunday.

Mueller's investigation of whether the President committed obstruction of justice did not conclude the President committed a crime, but it also "does not exonerate him," Barr quoted from Mueller's report.

After nearly two years of being under the cloud of the Russia investigation,

---

① https://edition.cnn.com/2019/03/24/politics/mueller-report-release/index.html。

Trump's presidency is no longer directly under threat from the special counsel probe as the White House turns toward the 2020 campaign, although he still faces the specter of more legal and congressional action from the other investigations that remain ongoing.

Trump and his allies charged that Mueller's report fully vindicated the President, while Democrats were already raising questions about Barr making the decision on obstruction, a signal that the fight and the fallout from Mueller's investigation is far from over.

Mueller did not make the decision himself on whether to prosecute the President on obstruction. Barr and Deputy Attorney General Rod Rosenstein made the determination the evidence was "not sufficient" to support prosecution.

The President went beyond the conclusions of Barr's letter, saying Sunday the findings were a "complete and total exoneration."

"No Collusion, No Obstruction, Complete and Total EXONERATION. KEEP AMERICA GREAT!" Trump tweeted.

"It was just announced there was no collusion with Russia … there was no collusion with Russia, there was no obstruction, none whatsoever," Trump said to reporters before flying back to Washington from West Palm Beach, Florida. "It was a complete and total exoneration. It's a shame our country had to go through this. To be honest, it's a shame your President had to go through this."

华盛顿(美国有线电视新闻网)特别检察官罗伯特·穆勒没有发现唐纳德·特朗普的竞选团队与俄罗斯存在密谋,司法部长威廉·巴尔周日表示。

巴尔引述穆勒的报告称,穆勒对总统是否犯有妨碍司法的调查没有得出总统犯下了罪行的结论,但也"没有证明他没有关系"。

经过将近两年的通俄调查之后,特朗普的总统职位不再受到特别检察官调查的威胁,白宫转向2020年的竞选活动,尽管他仍然面临更多法律和国会行动的潜在威胁,其他调查仍在进行中。

特朗普和他的盟友称,穆勒的报告完全证实了总统的清白,而民主党人已经提出了关于巴尔做出阻挠调查决定的问题,这一信号表明,穆勒调查的斗争和后果远未结束。

穆勒本身没有决定是否因阻挠起诉总统。巴尔和副总检察长罗德·罗森斯坦认为证据"不足以"支持起诉。

总统比巴尔的结论更进一步,他称周日的调查结果是"彻底和完全的免责"。

"没有合谋,没有阻碍。完全和彻底的豁免。让美国伟大!"特朗普在推特上这样写道。

"刚刚宣布没有与俄罗斯勾结……没有与俄罗斯勾结,没有任何障碍,没有任何障碍,"特朗普在从佛罗里达州西棕榈滩飞回华盛顿之前对记者说,"这是一个完完全全的免责。我们的国家必须经历这一点,这是一种耻辱。说实话,总统必须经历这一点,这是一种耻辱。"

这条新闻从推送版到客户端版再到网页版,可以看到文字依旧是新媒体新闻的主体部分,音频和视频文件以超链接的形式呈现。

由于新媒体要满足受众快速获取新闻的需求,在写作上要跟踪新闻事件,进行滚动式写作。就像这条新闻,当事情发生后,CNN以快讯的形式第一时间推送。10多分钟后,开始展开详细的报道,多篇文章不断滚动。接下来加上背景资料和相关报道,以及相关的音频和视频。最后则是对于这一事件的评论。

4. 滚动制作中注意流量入口和准确性

受众在阅读新媒体消息时,往往不会逐字逐句阅读,而是快速浏览,且随时可能关闭页面,或跳转到其他新闻。因此,在滚动新闻写作中,不仅要短小

新媒体对外传播内容制作

精悍,而且要采用倒金字塔结构,依照事实的重要性或受众关心程度,把最重要的内容写在前面的段落中,每一段陈述一方面的情况。从新闻制作看,这样可以快编快删,阅读起来也能抓住重点。

在移动新媒体滚动新闻制作的过程中,还要注意使内容有利于搜索。搜索是重要的流量入口,因此标题和导语中要尽量包括能被搜索引擎捕捉的关键词,比如 CNN 关于弹劾的新闻中的 Mueller、Trump、Russia 等词都在此列。

与传统媒体相比,新媒体有时效性强、展示形式丰富等优势,但严谨性还有待提高。总体上,网络文章出现错误的概率相对较高,因此在点发送键之前要做三件事:检查,检查,再检查。采编团队在预览时需细心观察,避免产生歧义。一旦错误播发出去了,想改正就只能是亡羊补牢,撤回删稿重发对媒体的信誉是一大打击。简单的错字反映出对报道品质的漫不经心,因此保护品牌最经济的方式就是多检查一遍。

总的来说,新媒体平台行文要做到准确、简洁、规范、无错别字、无语法错误,图片和音频、视频材料的解说文字要精炼、准确,并能提供进一步深入的信息。

5. 根据读者实时反馈进行调整

对传统媒体来说,新闻产品发布后意味着大功告成,但新媒体推送完成后才完成了一半的工作。因为新媒体在新闻制作过程中,反馈是确保质量的重要一环。在手机上看过新闻后,读者会第一时间在留言区里发表观点。发表观点是增加读者黏性的重要途径,也是构建用户画像最有价值的依据,因此要重视读者的反馈。

新媒体为及时得到读者反馈提供了良好平台,好的反馈可以为之后的工作划定方向,其中批评意见意义更大。当新闻团队聆听批评的反馈时,尽量避免为自己辩护。这是进一步了解别人如何看待新闻产品的宝贵机会,所以要听他们说什么,要听进去。

读者反馈和新闻制作方回应是一个双向的过程,对反馈进行反思后,新闻制作者可以发表自己的看法和意见,但是先要思考清楚,然后回答。现在很多反馈停留在"抖机灵"的阶段,由于采编团队需要的是简单明了的反馈,因此当征求读者意见的时候,要尽量问具体的问题,这样就能得到有用的、有重点的回答,而不是泛泛之谈。

5.2　图片使用

虽然在手机上展示的文字要精炼,但对于图片的使用却要大方。即使非常引人入胜的报道,如果屏幕上显示的只是一团文字,那么读者也会看得头疼。可以考虑使用有冲击力的照片和图表等来让版面更加吸引读者,而且很多时候一图胜千言,图片能更直观地反映事实,而且能留下想象的空间。

在新媒体时代,"无图无真相"越来越成为共识。在新媒体对外报道中,图片占据重要的地位。应持续推出有表现力、说服力的新闻,引导国际社会客观全面看待中国发展;充分利用视觉元素聚焦人类命运,反映时代变迁,讲好新时代的中国故事;加强图片的现场感和震撼力,锤炼视觉语言表达能力,善于捕捉经典瞬间,挖掘动人细节,选举精彩角度,让图片更有感染力。

在使用图片的过程中,也要避免单纯为了发图片而发图片。图片说明要和文章相辅相成,也要和图片内容相吻合,不能因报道需要而扭曲图片内容来写说明,如果出现"需要扭曲"的情况,则说明图片选择本身有问题,应考虑换其他图片。如暂时没有合适图片,宁可考虑不使用图片,先发表文字内容。

图片说明也是图片新闻的重要组成部分。对外传播的图说要坚持以我为主、融通中外、以理服人、以情动人,讲清楚图片背后的故事和情节,揭示画面难以表达的逻辑和道理,更加有效地传播中国的立场、观点和主张。

在新媒体时代,可以拓展图片的表现形式,有些图片说明可以进一步扩展成图文故事。结合国外受众的习惯,增加3D图像、动图等产品,让图片从单一、平面、静止的传统形式,向立体全媒的方向演进。

例如,在推特上的关于中国端午节的照片就广受国外受众欢迎(图5-4)。

新媒体对外传播内容制作

图 5-4　端午节赛龙舟图片

(来源：新华社推特账号)

图片采取了无人机航拍的技术，给人场面宏大的感觉。图片说明为：

Dragon Boat Festival is not complete without a dragon boat race! Paddling for joy in China's Hunan, this is how to celebrate the upcoming festival, which falls on June 7 this year.①

端午节没有龙舟赛就不完整！中国湖南省的龙舟赛上一片欢腾，这就是为了庆祝即将于今年6月7日到来的节日。

这一图片说明充分向外国受众交代了赛龙舟和端午节的关系，以及端午节的日期。

在图片使用中有一些特殊图片需要注意，包括地图、国旗、徽章、标识等。

---

① https://twitter.com/XHNews/status/1135829385846697984。

使用地图的时候一定到做到逢图必核。地理信息涉及国家主权、安全和发展，在对外传播中必须规范使用，保证地图的权威准确、严谨规范。尤其在遇到使用中国全境地图时，要将新媒体产品中的地图和中国地图出版社最新版的中国地图、世界地图做比照，或使用国家测绘地理信息局提供的电子地图重点核对国界线、特别行政区界线、南海诸岛归属范围线、重要岛屿名称标注等信息。如果产品中需要对地图进行再加工，不得改变国境线等基本信息，也不能将地图拉伸变形，只能等比例裁剪，谨防产生歧义。对来自境外与中国标注相悖的地图要尽早发现，及时替换。对国旗的使用参照地图，应规范使用、多重核实。

在图片后期修整横行的时代，新媒体报道领域对图片的处理应持严谨的态度。在对图片进行后期处理时，不能过度修改整体或局部的颜色和光线效果，更不能对图片中的人物和场景进行涂抹改动。

5.3 音频创作

在新媒体时代，新闻除了可视化外，可听化也是发展趋势，比如很多新闻应用程序都加载了文字阅读功能，让不方便看新闻的人可以选择听新闻，并适配运动、出行等多种场景。

就像移动端的文字稿，并不能把报纸的稿件原封不动地粘贴过去一样，多媒体的音频节目，也并非找人单纯地念稿子那么简单。音频节目是把不同新闻素材放在一起的综合录音产品，包括需要交代的串词、从采访对象获得录音的片段、现场声音效果、特定声音效果以及在一些情况下的音乐等（图 5-5）。随着新媒体形式的日益多样化，音频新闻的素材库也会不断增大。

如何高效地利用和编辑这些素材，是音频新闻能否有吸引力的关键。

第一，音频新闻制作要找一个录音室，或者至少是安静的地方。在动手制作综合录音报道前应该把导语写好，这样能帮助明确报道的主题和重点。

图 5-5　英国广播公司(BBC)World Service 音频节目
(来源：BBC)

导语是综合录音报道的开场介绍，要在这里陈述为什么这篇报道很重要，告诉听众这篇报道与什么有关，为什么听众应该听下去。

第二，用简单的串词将导语和采访段落联系起来。采访段落是音频新闻的重头戏，可以制造"现场感"。采访的声音质量很重要，录音效果越好，最后呈现出来听得越清楚。最好的采访段落来自面对面的采访，或者是录音室里所做的采访。在新闻制作中常常无法避免使用电话采访录音段落，但是不要使用录音质量不好的段落，因为听众很难听明白。当然随着数字化技术的进步，后期消除杂音的能力也在增强(图 5-6)。此外在录音选取中也不要用很长、内容很松散的采访段落，为了获得最佳效果，要选最集中、最精辟的段落。要从采访中摘录一段音频，15 到 40 秒最佳，比这个短很难表达清楚意思，而更长则容易让听众产生厌烦感。

第三，录音报道应该抓住听众的注意力，现场录音很重要。现场录音包括现场背景声音，比如回荡在足球场上球迷的合唱歌声，很容易营造出让人热血沸腾的感觉。这些声音能够有效吸引听众，让他们有身临其境的感觉。此外还有气氛背景声音，如雷鸣声、交通噪音、脚步声、海浪声等，这些特定的背景音能用来描述街头、车站等场景，带听众到现场去，让听众知道事件发生在什么地方。如果使用恰当合理，这些低噪音的背景声音能增加现场感，让

图 5-6 传统音频制作设备（事实上现在都可以在手机上做简单编辑）
（来源：中国国际广播电台）

综合录音报道鲜活生动。

综合录音报道可以多媒体的形式全方位报道一条复杂的新闻，能够将描述、解释和分析集于一体。尤其是在某些难以获取视频的情况下，比如深海探险，用有特色的声音能制造现场感，烘托气氛，使报道活灵活现。

第四，音乐的选取。如果想在综合录音报道中使用音乐，先考虑下这样的音乐是否与报道有密切的关联，如果不用会不会造成信息缺失，只有得出必要的结论，才放有强关联的音乐。因为音乐能为报道增色，也能起破坏作用，绝大部分情况下并不需要音乐，如果拿不准的话，最好就不要用。配乐编辑和音效编辑是非常专业的领域，但好在数字化音乐在不断降低音乐的使用门槛。不过这也带来另一个问题，即虽然优兔和抖音等流行的视频平台上充斥着大量节奏明快的音乐素材，但其中大部分并不适合在音频新闻产品中使用。而且，音乐素材的使用一定要确保有合法的版权。

案例：2018 年 10 月 3 日是"21 世纪海上丝绸之路"倡议提出五周年纪念

新媒体对外传播内容制作

日,新华社推出原创英文音乐 MV"The Belt and Road,Sing Along"[①](《"一带一路"全球唱》)(图5-7)。该新媒体产品在以往动漫 MV 的基础上,通过通俗易懂的语言,运用京剧、说唱等多种网民喜闻乐见的形式,并结合动画、实拍、抠像等视觉技术,将"一带一路"的历史、倡议构想、意义成果逐一阐述,对宏大主题进行了可听、可看、可传唱的加工,具有高辨识度和独立版权。新华社客户端首发,当天浏览量突破 100 万。

图 5-7 "The Belt and Road,Sing Along"(《"一带一路"全球唱》)
(来源:新华社优兔账号)

5.4 短视频创作

短视频被称为 5G 时代的"风口",也是对外新媒体报道的重要形式。由于结合了文字、图片和图像等多种形式,短视频在传播过程中更容易打破文

---

① https://www.youtube.com/watch? v=98RNh7rwyf8。

化心理的界线,被海外受众接受。

短视频制作一般分五个步骤:

第一,确定内容主题。在做视频之前,一定要想好主题。对于对外传播视频来说,就是要讲好中国故事,发出中国声音,找出恰当的中国故事讲给外国人听,表达中国的立场、主张和风貌变化。

第二,做出策划文案。短视频看似天马行空,事实上都是经过精心策划的,其中很重要的一项就是文案,也就是视频脚本。文案最好具有画面指向性,这样能保证拍摄顺利进行。

第三,拍摄与录音。视频制作中有一些基本技巧需要注意,比如要确保有足够的光照。如果在白天拍摄,尽可能利用自然光。如果计划录制一个夜晚场景,要使用光照设备。视频可以根据需要录制多次,这是完全正常的,尤其对新手来说更是如此。不需要一开始就找到完美时机录制完美的镜头素材,多余的镜头都可以在后期编辑的时候进行处理和优化。视频拍摄过程中,录音一定要清晰,这样才能最大程度保证视频质量,抓住观众的注意力。

第四,视频剪辑。这一步骤与拍摄一样,与制作对内报道的视频并没有太多差异。不过在后期制作过程中如果能突出中国元素、中国角度、中国特色,更有利于国际传播。

第五,加字幕。让文案中的对话、台词和画面一一呼应,然后设置好字幕颜色、大小、中英文,就能上传视频了。

这五步中的后四步都属于技术性问题,对外视频制作与对内视频最大的不同,是要选择好国外受众感兴趣的题材。

案例:防止土地沙化是全球都面临的问题,"Turning desert into oasis"(《库布其治沙奇迹》)[①](图5-8)这条视频就抓住了全球关注的环境问题,从西方受众容易产生共鸣的角度组织报道,以典型人物故事为切口,塑造治沙鲜活的人物形象,取得了良好的传播效果。

---

① https://www.youtube.com/watch?v=KukbSmFG6nU。

图 5-8 "Turning desert into oasis"(《库布其治沙奇迹》)
(来源：新华社优兔账号)

脚本文稿如下：

【字幕】

The Kubuqi desert, spanning 18,600 square kilometers, sits to the north of Erdos City, in China's Inner Mongolia Autonomous Region.

It is the seventh biggest desert in China.

库布其沙漠，总面积 1.86 万平方公里，位于内蒙古鄂尔多斯北部边缘。它是中国第七大沙漠。

【画面】：早期荒漠化画面

【SOUNDBITE】：GAO LENG, Villager of the Dalad Banner

"In the past, the vegetation here was very sparse. Every February to March, yellow winds blowing dust swept across tens of miles. There was no transportation. You could only rely on your own two feet. As the area was desolate and uninhabited, it was hard to find the roads."

【同期】：高楞（中文），达拉特旗展旦召嘎查村民

"过去，这里自然植被稀薄，每到春季二三月份，黄风一刮沙尘乱起，侵害几十里。没有交通，沙里只能依靠步行，荒无人烟哪有路呢？"

【字幕】

Drought and over-gazing here led to severe desertification. It was a case of either the desert expanding or people beginning to do something to stop it. The battle to tackle desertification started 30 years ago.

由于干旱少雨和早期的过度放牧，这个地区的荒漠化问题日益严重，沙进人退。为了生存，一场绵延 30 年的治沙大战打响了。

【SOUNDBITE】：ZHANG XIWANG, Herder of the Hangjin Banner

"To fight desertification, the most effective means is tree planting. I truly believed that we must make it happen."

同期：张喜旺（中文），杭锦旗牧民

"对抗沙漠最有力的武器就是植树，心里有个念头就是必须把树种上，说干就干！"

【字幕】

Water is needed to plant but obviously it was lacking in deserts. Herders drill in high lands and channel water from low-lying puddles. They tried every possible means to bring water to the area.

沙漠里植被要成活，离不开水源。牧民们在沙地高处干钻，低洼近水域处引流，想尽办法掘沙取水，钻眼挖井。

【SOUNDBITE】：LI BUHE, Herder of Dalad Banner

"It took us 77 days to successfully make the first well. We took a generator and worked our hardest. We lived wherever there was drilling to be done."

【同期】：布和（中文），达拉特旗牧民

"最早的一口井，我们打了 77 天，拿发电机硬磨下去，我们在哪打井就住

在哪里。"

【画面】：拉发电机、钻井作业画面

【字幕】

The people of the Kubuqi Desert developed dry drilling planting and water vapor planting, increasing plants' survival rates to 90 percent.

库布齐人用自己的智慧研发出干钻种植、水汽种植，将树木成活率提高到90%以上。

【字幕】

Countless forest rangers in the Kubuqi Desert have devoted their lives to making oasis out of deserts.

当然，从"死亡之海"变成"绿色之洲"，库布齐的今天离不开无数护林人的坚持与付出。

【SOUNDBITE】：TIAN QINGYUN, Forest Ranger at Baituliang Forest Farm

"In the early days, I could only walk to perform my daily ranging duties. I would get through four to five pairs of shoes each year. As I'd walk for a long time, my pants would become rags. The shoes were completely worn out."

【同期】：田清云（中文），白土梁国营林场护林工

"那会儿护林就是步行，每年走坏四五双鞋，每天走的时间长了，裤子下面都是碎布了。在地里每天这么转，鞋底和鞋面都是磨烂的窟窿。"

【字幕】

There are tens of thousands of people like Tian Qingyun who spent half of their lives in battling desertification and overcame loneliness with faith.

For them, their lonely enterprise is the freedom of returning to nature and living in own simplicity.

It is also a chance to preserve the environment for future generations.

和田清云一样，成千上万的人半辈子治沙护林，熬过漫山遍野独自一人的孤独，坚守下来。现在对他们来说，这种孤独是返璞归真、回归山野的自

在,更是见证库布齐人为子孙后代奋斗的峥嵘岁月。

这条短视频利用航拍、定拍和跟拍多种拍摄手法,对近10名治沙典型人物和20多个场景进行取材,为后期团队提供了充分的素材。片头和片尾采用电影包装手法,稳重大气;使用留白和移轴镜头,制造强弱快慢的影片节奏;大胆采用画面遮幅和双语字幕等技巧,同时运用内蒙古草原和沙漠风貌空镜头,在整体上营造纪实风格。外国受众看到这个短视频后,更能体会到中华民族不畏艰难治沙的决心和勇气,展现中国环保治理的方案和智慧。

5.5 大数据新闻制作

新闻的根据在于事实,而数据则是事实的重要组成部分。数据新闻是把传统的新闻敏感性和具有说服力的叙事能力、海量的数字信息相结合的新闻,在财经、体育等数据运用较多的题材中,数据新闻直观明了,是很受欢迎的新媒体呈现形式。

在传统的新闻中,引用数据可以让报道更加准确和公正。记者运用社会科学研究中的民意测验、抽样调查、实地实验、参与观察等方法进行信息采集,以此来纠正偏见、减少失实新闻,有助于增强社会敏感性和新闻事件真实性,提高报道的权威性和可信度。尽管如此,传统报道中,数据只是新闻内容的一部分,呈现方式主要是普通的数字型图表。但在新媒体时代,数据本身就可以构成新闻。

随着数据新闻的来源更加多元,通过数据讲故事也是一大趋势。受众对深度内容的需求,使得新闻生产者对数据进行收集、筛选、呈现,那些表象背后的原因与真相也有着越来越高的价值。数据不再是抽象的支持性材料,而是拥有自己的独立内涵。

数据新闻通过抓取、筛选和重组来对数据进行解读,以可视化的形式呈现数据结果并合成新闻故事。其生产过程越来越精细化,涉及的技能除了传统的新闻音视频、图片与文字的制作,更涵盖社科研究方法、计算机数据处理、平面交互设计等多个领域。数据新闻就是将这些技能整合起来,用合乎逻辑的、易于理解的方式来呈现数据。

案例:2020年突如其来的疫情席卷全球,各国的感染人数和康复情况牵动人心。对外新媒体传播的任务之一就是以公开、透明和及时的方式向海外展示中国疫情防控的进展和力度,数据新闻在这种情况下是最直观的选择。很多媒体都推出了疫情相关的大数据产品,包括每日的现存确诊、累计确诊、康复和死亡等分类数据,有的大数据交互性更全面,在读者点击地图时,还会出现相关国家的疫情进展,宏观与微观结合,让读者对全球情况有充分的了解(图5-9)。

在这样的新闻制作过程中,有几个环节需要注意。

第一,数据来源和获取。数据新闻以数据为支撑,数据的获取是数据新闻生产的起点。数据来源必须权威准确,这样生成的数据新闻才能真实可靠。数据来源主要分为政府公开的各项数据、社会组织公布的各类指标、媒体的报道、地理数

图5-9 新冠疫情对全球的影响
(来源:丁香园英文网站)

据等。比如在上述疫情数据产品中,全球每日更新的数据来源于世界卫生组织每日的公报。

第二,数据分类精细处理。未经处理过的原始数据庞杂无序,只有经过

分析和加工的数据才能讲出故事。利用技术分析各类数据或者指标之间的关联性,在关联性中发现新闻线索。比如可以通过算法将各国的总人口和确诊病例人数进行交叉对比,之后就能得出哪些国家感染率较高的信息。

第三,数据产品展示。数据收集、数据分析之后,就要对数据的关联性或者新闻线索进行可视化的呈现,让受众对所反映的信息一目了然。与传统新闻的呈现方式不同,数据新闻的呈现要做到动态的可视化,通过数据可视化,将大量数据组合构成数据图像,同时将数据的各个属性值以多维数据的形式表示,发现数据隐含的信息。数据呈现依托于专业技术将数据之间的联系挖掘出来。阅读方式通常也是交互性的,受众可以通过点击或者滑动某个图标进行数据新闻的阅读。

5.6 出镜与直播

利用手机出境和直播,在新媒体中越来越广泛。移动直播是与重大新闻事件或突发事件的发生发展同步采集现场信号并播出,集现场报道、背景介绍与事态分析于一体的新闻作品。直播能够全面、迅速、准确地采集与传播新闻现场的重要信息,一方面能让观众有现场感,看到新闻事件发生所在地,有置身其中的感觉,声画结合让观众第一时间接近新闻现场和真实状况;另一方面视频和直播也能增加互动性,尤其是如果记者出镜讲解,更能增强亲和力。

与网红风格的拍摄不同,新闻的出镜拍摄有更加严格的规定,除了一些文化体育内容外,整体并不适合轻松调侃的风格。记者在出境或直播前要反复提醒自己是观众眼睛的延伸,而非大脑的延伸。记者是一个事件的见证者,而不能让事件成为自己的背景,记者的责任是报道新闻,而非自己成为新闻人物。

在自拍横行的时代,在自拍杆前说话看起来不是难事,但做好并不容易。出镜和直播并非秀场,而是要展现真实事件。比起现场发挥,之前的充分准备至关重要。直播往往时间较长,要掌握足够的资料设计报道的方向和角度,形成框架和提纲,同时尽可能多地准备与事件相关的理论或专业知识,这样才能撑起整个流程,否则直接影响到报道的质量。

充分准备是防止信息空白和应对突发情况的保证,做到这一点后,如何出镜、什么时候出镜是下一个需要考虑的问题。当记者出现在画面前,同样要秉承简洁原则,考虑好整个报道中哪一部分出镜最合适,让包含自身的每一帧画面都有意义。比如在狂风中出镜的记者,可以从其神态、行为上让观众对当时的风力有直观的认识(图5-10);还有的记者在三峡大坝前出境,记者自身的出现就是天然的比例尺,可以让观众感受到现场的高度、规模等信息。

图5-10　出镜记者在台风中坚持报道

(来源:新华社)

与以前的大摄像机、重装备不同,新媒体时代的电子设备方便易携,使用的范围更广。在新媒体新闻制作中要熟悉设备的特性,比如出镜直播时眼睛要盯着摄像头,由于手机摄像头的捕捉能力有限,因此做到这一点尤为重要。直播者每一次移开目光都是有明确意图的。当然,直播过程中手机前后镜头的自由切换也能达到场景转换的目的,这是以前传统设备不具备的功能,不过在镜头切换时,出镜记者需要进行提醒和引导。

直播者在发声时也要注意技巧,一般的在线直播不再使用话筒,而是佩戴"小蜜蜂"等无线麦克风。如果要凸显喧闹环境,则选择多方向收声的设备。不拿话筒的好处在于能解放双手,做出更多引导动作。比如手里可以拿一些现场小道具,介绍农产品时拿一根香蕉或者一只麦穗就很清晰明了。播出过程中最好站着别动,尽量避免画面抖动。一般情况下需要走动的时候才走动,比如需要体现场景、话题或者视角的连续性和对比性时才让自己的位置移动。

出镜和直播过程中最重要的还是语言。直播中应该采用通俗易懂的对话式语言,采用有逻辑性且口语化的表达,就像跟朋友谈话一样。尽量避免晦涩难懂的语言,更不能照本宣科地背台词。

虽然和传统电视的连线直播相比,新媒体的出镜直播没有那么严格的灯光和环境要求,甚至有时可以单人完成整个流程。但灵活的形式并不意味着对质量要求降低,在现场新闻的制作中要遵循上述基本原则,才能在速度和质量间达成平衡。

此外,新媒体直播还包括没有记者出镜,针对重大事件的直播。这类直播体现中国立场、传达中国声音,扩大覆盖面和影响力。参与直播的对外新媒体要做好直播前的推广、直播中的技术保障和直播后的受众反馈。

案例:2019 年 6 月 2 日,中国发布《关于中美经贸磋商的中方立场》白皮书,旨在全面介绍中美经贸磋商基本情况,阐明中国对中美经贸磋商的政策立场。对外新媒体对此进行直播就属于发出中国声音(图 5-11)。

图 5-11 发布《关于中美经贸磋商的中方立场》白皮书直播

(来源:《中国日报》客户端)

发布《关于中美经贸磋商的中方立场》白皮书在海外社交媒体和客户端上都有直播,为了更好达到传播效果,需要对直播进行简要介绍,《中国日报》客户端直播介绍如下:

China will issue a white paper about its stance on economic and trade talks with the United States Sunday morning.

The white paper, titled China's Position on the China-US Economic and Trade Consultations, will be released at 10 am on June 2 by the State Council Information Office, which will also hold a news conference.

中国将于周日上午发表关于与美国经贸谈判立场的白皮书。

白皮书题为《关于中美经贸磋商的中方立场》,将于6月2日上午10点由国务院新闻办公室发布,该办公室将就此召开新闻发布会。

这类直播介绍包含了基本的新闻要素,让受众能了解直播的主题,从而进行选择。

5.7 有效信息筛选

对于新媒体产品来说,社交媒体是一个绕不开的话题。一方面随着脸书、推特和优兔等社交媒体的兴起,让传统媒体有了直接接触海外读者的渠道,以及展示和传播新媒体产品的新平台;但另一方面,习惯了内容、渠道两手抓的传统媒体,却不得不依赖"借船出海"的形式,在一定程度上成为单纯的内容提供商。除了传播渠道,在新闻内容制作方面,社交平台也显示出强大影响力,成为媒体发现新闻的线索以及获取反馈的来源。

1. 尊重事实,辨明真伪

社交网络为新媒体新闻对外传播提供了平台,不过社交网络又是新闻造假和传播的重灾区,媒体在跟热点的时候,稍有不慎就可能跌进陷阱,成为假新闻的牺牲品。从社交媒体中找到的材料必须辨别真伪,小心采用。

社交媒体新闻制作、筛选有效信息的过程中,要把握一些基本大原则:将舆论导向和社会效益放在优先位置,不一味追求轰动效应和点击量;尊重事实,不做"标题党",不迎合和推动负面、偏激的舆论话题;在音视频中规范拍摄和录制,不能通过后期制作改变画面的基本构成,对事实进行误导性加工;在图片和图像处理中保护未成年人和特殊危险行业人员的隐私。

2. 图片视频使用需追根溯源

在播发新媒体产品前首先要确认图片、视频等材料的真伪,最好先在网上用"以图搜图"的方式进行搜索,如果出现相同结果的话,就说明内容是从之前的新闻事件中移花接木而来的。

如果通过了查重审核,那么可以在社交媒体上尽可能地找到最先发布这些材料的人,对于一则消息、一条视频或一张图片,找到原始消息来源,与原作者或最初把内容贴到网上的人交谈,这是重要的一步。如果可能的话,与材料发布者通电话,对材料进行求证。比如询问是谁拍摄的图片或者视频;询问他们所处的地点,通过电子地图和事发地点做对比,结合发布时间,看信息是否相符;请他们形容一下所发布的图片或者视频,并描述下拍摄时的背景,判断是否合情合理;等等。

为防止在新媒体对外报道中误用虚假图片,识别问题图片要进行逆向图片搜索,比如使用图片搜索。对于照片,可以仔细查看有没有异常边缘或色彩紊乱。一幅彩色图像是由一个个单色像素构成的,这些独立像素块以特定方式组合起来,构成一张照片中的众多色调和阴影。插入另一个图像,或用喷枪工具进行涂抹,都会打乱这种特征。阴影是另一个辨别图像真伪的方式,可以通过放大图片或视频片段并检查色彩差异,推断真伪。

如果图片和视频显示的是多个不同的拍摄地点,要在和不同拍摄者的交流过程中比较他们的陈述,看是否有矛盾之处。此外还可以根据视频或图片拍摄地点和时间,通过对阳光照射的角度或天气状况进行交叉验证,核实内容真实性。当然,如果这些社交媒体中的第一手素材构成了新媒体新闻的核心内容的话，那么还应该向拍摄者详细追问更多细节，以便仔细查验。

最后可以检查一下照片和视频的大小。在社交媒体上获得的材料一般是经过压缩的，而在真实的拍摄方手中往往有分辨率更高的原图或者原视频。手机的原图一般是在 4 000 * 3 000 像素左右，或者更高。如果图片小于这个尺寸，说明图片经过处理。如果图片是不寻常的尺寸，不符合 4∶3 或者 16∶9 的常规比例，那么很有可能是从网上下载的，而不是原创的。

3. 准确比速度更重要

对外报道中，时效性非常重要，对外报道机构不但要和其他媒体竞争，也要和驻华的外国媒体竞争。所有竞争方都会监控社交媒体，网上的图片、视频和录音等材料，经常会是编辑们得到的关于某条新闻的首批素材。当突发事件发生时，社交媒体上往往会先于传统媒体出现一些似是而非的图片和短视频，最好不要直接使用这些材料，因为正确比速度更重要。

当社交媒体上的信息通过了重重查验后，就可以成为"验明正身"的新闻素材了。之前的工作虽然看上去繁琐，但形成核查机制后，并不需要花费太多时间。就确保准确性来说，这个环节花费的每一秒都是值得的。确认了材料的准确性后，拼的就是制作速度了，之前核实所花的时间，能够在这个环节中补回来。在最终完成新闻产品后，不断总结经验，在以后的新媒体新闻制作中能够更好地使用社交平台。

6 新媒体对外传播的平台选择

社交媒体在吸引受众、引导舆论中扮演着越来越重要的角色。在2016年的美国大选中，社交媒体成为制造舆论漩涡的中心，特朗普凭借对社交媒体的娴熟运用，扭转了主流媒体唱衰的不利局面，那次大选也被称为"社交媒体选举"。

社交媒体成为新兴的舆论场，也成为新媒体对外传播的新阵地。社交网站的信息传播或者基于实用，或者基于有趣，持续交互形成一种"强联系"，而传统的新闻信息产品面向大众，构建出的则是"弱联系"。中国的新媒体对外传播要完成的就是这种从"弱联系"到"强联系"的转化，在海外主要社交媒体上开设官方账号，打造海外社交媒体集群，实现"借船出海"，正在成为国际传播的一种主要形式。海外社交媒体定位于讲好中国故事，主动发声加大正面报道力度。通过加强议题设置，结合重要节点、重要活动加强报道策划，塑造真实、立体的中国形象。

6.1 海外社交媒体建设现状

近年来，经过投入资源的集中打造，中国的主流媒体在海外社交网络中扩大影响力方面取得了长足的进步,以《人民日报》、新华社、中国国际电视台和《中国日报》为代表的对外传播媒体,在吸引粉丝方面已经都跻身全球媒体的一线阵营,为向海外展示真实、立体、全面的中国提供了坚实的基础(表6-1)。

表6-1 中国四大媒体在海外社交媒体上的粉丝数(截至2019年12月底)

	脸 书	推 特	优 兔
《人民日报》	7 260万	700万	4.38万
新华社	7 004万	1 260万	56.7万
中国国际电视台	9 109万	1 410万	104万
《中国日报》	8 460万	430万	1.56万

海外社交媒体种类众多,新媒体对外传播应选择受众面最广的平台。一般来说,作为全球最主要的两个社交媒体平台,脸书和推特是对外传播的重要战场,以视频传播为主的优兔和以图片传播为主的Instagram也各有侧重,此外俄罗斯VK、日本的连我(Line)也都是有影响力的地区性社交媒体平台,在这些平台上开设账号,传播能够实现高覆盖、精准到达。

例如,新华社在海外社交媒体平台的官方统一账号"New China"于2015年3月1日起正式运行。每天24小时以文字、图片和视频形式不间断向用户推送中国、涉华和国际新闻。此举目的是为了顺应世界媒体变革的需要,在新形势下更好地传播中国声音,积极回应国际社会关切。新华社在2013年底开始陆续在脸书、推特、优兔等六大海外社交媒体平台上开设50个账号,涵盖19种语言,经过5年多的发展,目前日均发稿量达800条,日均浏览量超过4 000万次,日均互动量超过30万次。脸书网站评估报告显示,2018年新华社脸书全球页面触及人数超过7亿,覆盖脸书活跃用户数的三分之一。优兔后台数据显示,2018年"New China"账号视频点击量突破7.7亿次,其中半数以上受众来自欧美发达国家。目前新华社在优兔上的视频订阅用户超过56万,多于路透社和法新社。

经过实践中的摸索，海外社交媒体中的内容建设逐步形成一定的模式。在题材选择上主要包括中国新闻、涉华新闻和国际新闻三大部分，占比大致分别为40%、30%和30%。

其中，中国新闻包括时政新闻、经济新闻、社会文化新闻、体育新闻、科技新闻和突发新闻。涉华新闻包括国际上的涉华事件，突出中国视角，挖掘国际事件中的涉华因素，对国际上的涉华言论和歪曲报道及时回应和澄清，表达中国的关切。国际新闻则紧抓重大突发事件，注重实效、深挖独家，围绕重大国际性或地区性问题加强评论报道，传递中国声音。

要根据不同社交媒体属性和特点优化内容分发，各有侧重。推特发稿重视时效性强的文字新闻，辅以图片、视频来加强传播效果。脸书发稿注重视觉性强的新闻，以图片、图表和视频为主，辅以文字说明。优兔以播发原创视频为主。

要结合社交媒体传播特点，及时、灵活与海外网民展开积极互动，并根据跟帖内容梳理线索、发起话题，做好二次传播。

海外社交媒体用语要客观平实、简洁明了，不偏激、不渲染、不夸大。不使用攻击性、谩骂性语言，把握好讽刺性、调侃型语言的尺度。

6.2 "今日俄罗斯"的对外传播经验与教训

在建设海外社交媒体阵地时，可以借鉴其他非英语国家媒体在主要社交媒体上运营账号的经验。对外新媒体传播并非中国独有的需求，一些非英语国家媒体，如俄罗斯的"今日俄罗斯"(RT)电视台和卡塔尔的半岛电视台都将对外传播的主要阵地放在了脸书、推特和优兔这些社交媒体平台上[1]。在优兔平台上，"今日俄罗斯"电视台无论在总点击数还是订阅人数上，均远远将其他跨国电视机构甩在身后，甚至超过了CNN和BBC两个老牌世界级电视媒体，成为网络平台上最受欢迎的电视品牌（图6-1）。

---

[1] https://www.facebook.com/RTnews/, https://twitter.com/RT_com。

新媒体对外传播内容制作

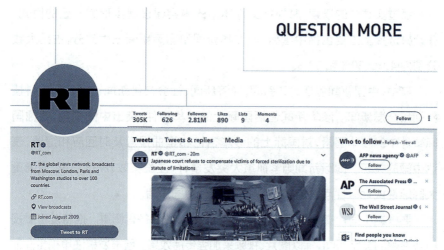

图 6-1 "今日俄罗斯"脸书账号首页

"今日俄罗斯"以"QUESTION MORE"(提出更多质疑)为主打口号,在自我介绍中非常注重突出全球性特质:

RT, the global news network, broadcasts from Moscow, London, Paris and Washington studios to over 100 countries.

今日俄罗斯,全球新闻网,从莫斯科、伦敦、巴黎和华盛顿的演播室向 100 多个国家播出。

"今日俄罗斯"总编辑西蒙尼·扬说:"我们想呈现给受众多方面、多角度的信息,而不是加入主流新闻传声筒的行列。这就是我们吸引观众的方式。"从克里米亚局势到乌克兰东部战况,从叙利亚人道主义危机到马航 MH17 被击落事件,对于此类西方主流媒体不愿报道或有意忽略的事件,该机构以"提出更多质疑"为口号,活跃在世界各地,发出大量不同于西方媒体的声音,西方主流媒体则不得不卷入一场又一场争夺信息主导权的混战中。

"今日俄罗斯"会针对某一新闻事件毫不避讳地提出俄罗斯观点,报道西方媒体不愿报道的一些细节。例如,"今日俄罗斯"曾启动过一场大规模的广告宣传,其中一张海报将美国时任总统奥巴马易装成伊朗总统内贾德,所提的问题是:"谁是最大的核威胁?"另一张海报上是一名塔利班装束的北约士兵,提出的问题是:"恐怖主义威胁仅仅来自恐怖分子吗?"而针对西方媒体的失实报道以及跟俄罗斯有关的带有偏见的内容,"今日俄罗斯"更是拿起武器予以抨击。同时,不同于大多数媒体对本国敏感事件尽可能少关注的惯例,"今日俄罗斯"反而把此类新闻作为报道重点,让世人了解俄罗斯之事以及俄罗斯所想。此外,对于被西方主流媒体遗漏、边缘化的内容,"今日俄罗斯"则大量加以报道。正是遵循"区别于西方主流媒体视角"的选题思路,使得"今日俄罗斯"在国际话语权争夺战中,极大地改善了之前以西方主流媒体为主导的不利局面。

"容易受影响的人"是"今日俄罗斯"在对外传播中选择的目标受众。"今日俄罗斯"加强了社交网络的经营,以满足年轻网民及非西方国家受众的需要。因此,"今日俄罗斯"首先于优兔寻求突破点,通过分析当代网络媒体的传播热点来迅速扩大知名度。那些追求批判性思维,想表达自己观点而不被宣传左右的人,最希望听到的是全方位、多角度的论据,而不仅仅是西方单方面虚实不分的媒体观点。"今日俄罗斯"则采用本地化、多元化的思路,通过聘用当地记者的方式来消除与国外受众的隔阂与距离感,从而在全球新闻事件报道中提供真实、准确的信息。

此外,"今日俄罗斯"电视台还注重同国外各类媒体进行合作。在与如《赫芬顿邮报》、澳大利亚网站 News.com.au,以及重大国际事件的解密网站 WhatReallyHappened.com 等世界各地各类媒体的合作过程中,借助这些媒体在某些地方或某一方面的影响力,拓展其在全球范围内的媒体业务。

"今日俄罗斯"依靠"借船出海"的传播方式取得了成功,但由于传播渠道并不掌握在自己手中,因此这种方式也并不稳固。2019 年 2 月,脸书封锁了"今日俄罗斯"旗下 4 个独立项目在其平台上的账号。这些账号发布的内容包括一些历史、社会和环境问题的视频,其中由"今日俄罗斯"电视台主持人阿尼萨·纳维主持的节目"In the Now"有 400 万订阅者,其上传视频观看次数超过 25 亿次[1](图 6-2)。报道称,脸书方面封禁"In the Now"既没有通知俄方,也没有透露具体原因。随后美国有线电视新闻网称,被封禁的账号由俄罗斯政府资助,其中"In the Now"是"克里姆林宫的代理人"。后经过"今日俄罗斯"反复抗议,"In the Now"的主页才被恢复,但一段时间的停更使其用户活跃度大为下降。"借船出海"虽然见效快,但受制于人,因此打造能够控制的自有传播渠道在对外新媒体传播中至关重要。

图 6-2 "In the Now"节目脸书账号

6.3 推特新闻制作

推特是一个全球平台,可以让参与方公开表达,并与其他人交流。对外传播的媒体通过在推特上创建一个可以制作、传播和发现内容的新平台,就

---

[1] https://www.facebook.com/inthenow/。

能让声音自由地传播到全球每一个地方。

推文篇幅短小,但在制作时要尽量要素齐全,满足"五个 W"的要求,让受众能快速了解事实。而且其时效性要求强,需要快速更新,否则前一分钟的新闻,在下一分钟就会变成历史,丧失阅读量和传播力。

在推特写作时,用好 140 个英文字符空间,文尾不加句号,可以配图播发来增加信息量。但在抢时效时,优先考虑播发速度,可以先不配图。可以在推文中附加跳转链接增加信息量,但在有较多文字需要发出而无法制作链接时,可用格式转发的方式将文字转化为图片,与简短的推文一起发出。不过由于用户阅读体验较差,需要多一次点击,这种方法一般并不推荐。

简短的推文要突出最具有新闻性的要素,就像传统媒体文章中的标题和导语。写作时尽量用短语、短句表达。只要不影响语意,定冠词和不定冠词等可以尽量省略。

为节省文字空间,推文中尽量使用符号、简写和阿拉伯数字。如 percent 用%,US dollar 用 US$、USD 或者直接用美元符号 $,million 和 billion 可以使用 mln 和 bln,government 和 international 用 gov't 和 int'l,等等。

在实践中,推特的制作有一些规范,并根据具体的需求进行呈现(图 6-3)。

China welcomes progress in building African Continental Free Trade Area, said Liu Yuxi, Chinese ambassador to the African Union, calling for further cooperation in trade and connectivity. China has been Africa's biggest trading partner for 10 years.xhne.ws/x9WRA[①]

中国对在非洲大陆建设自由贸易区方面取得进展表示欢迎,中国驻非洲联盟使团团长刘豫锡呼吁进一步加强贸易和互联互通。在过去十年里,中国是非洲最大的贸易伙伴。xhne.ws/x9WRA

---

① https://twitter.com/XHNews/status/1133968892190253056。

新媒体对外传播内容制作

图6-3 新华社有关中非贸易合作的推文
（来源：新华社推特账号）

在这条推文后加入了短链接，同一主题新闻的长文如下，从中可以比较推文和长文的标题、导语异同[1]。

Interview: Africa free trade deal brings more opportunities for cooperation with China: ambassador

ADDIS ABABA，May 30（Xinhua）— The African Continental Free Trade Area（AfCFTA）Agreement which takes effect on Thursday will help forge closer economic and trade ties with China，said Chinese ambassador

---

[1] http://www.xinhuanet.com/english/africa/2019-05/30/c_138102381.htm。

to the African Union (AU).

China welcomes progress in building the free trade area, support Africa to advance interconnectivity and is ready to work with Africa to promote the free trade regime, said Liu Yuxi, head of the Chinese Mission to the AU.

"Unimpeded trade and facilities connectivity are the core content of the joint construction of the Belt and Road by China and Africa," Liu said, adding that "the two sides are expected to build closer economic and trade ties by developing the free trade area and promoting the Belt and Road cooperation."

China has been Africa's biggest trading partner for 10 consecutive years, with an accumulated investment of over 110 billion U.S. dollars in the continent.

Positive results have been achieved in the joint construction of the Belt and Road in recent years. China has signed memorandums of understanding with 39 African countries and the AU Commission. Cooperation with China has substantially advanced Africa's economic and social development.

The Belt and Road Initiative, proposed by China in 2013, refers to the Silk Road Economic Belt and the 21st Century Maritime Silk Road which are designed to build a trade and infrastructure network connecting Asia with Europe, Africa and beyond.

The AfCFTA Agreement was approved by 22 countries last month, meeting the minimum threshold for it to take effect and is set to enter into force on May 30. It has laid the foundation for what could be the world's largest free trade zone by the number of participating countries, covering more than 1.2 billion people with a combined gross domestic product of 2.5 trillion dollars.

"It is a milestone in Africa which has in recent years been upholding the banner of unity and promoting economic integration," Liu said. The agreement is expected to promote the free flow of commodities, services, capital and people, by lowering tariffs and trade barriers, which is of great significance for Africa's economic transition and enhancing its status in global trade and value chain.

Given the rising sentiment of anti-globalization, protectionism and unilateralism, the AfCFTA will boost global trade facilitation and liberalization, and inject new impetus to promoting an open world economy, the ambassador said.

He highlighted Chinese companies' contribution to the development of China-Africa relations, saying the AfCFTA will inject new vitality into upgrading bilateral cooperation and improving its quality and efficiency.

China and Africa are implementing the outcomes of the 2018 Beijing Summit of the Forum on China-Africa Cooperation and the Belt and Road cooperation, Liu said, adding that China is willing to share development opportunities with Africa and help Africa accelerate industrialization, urbanization and agriculture modernization, in order to achieve win-win results and common development.

The Chinese diplomat also said that in recent months, the China-U.S. trade frictions have drawn the attention of the whole world, including African countries.

China stands firm to safeguard economic globalization and free trade, and is committed to building an open, stable, fair and transparent global trade environment, said Liu, adding that China is willing to work with African countries and other developing nations to jointly build an open global economy and strive for a community with a shared future for mankind.

专访：非洲自由贸易协议带来更多与中国合作的机会
——中国驻非盟使团团长

新华社亚的斯亚贝巴5月30日电 中国驻非洲联盟大使表示，周四生效的非洲大陆自由贸易区（AfCFTA）协议将有助于加强与中国的经贸关系。

中国驻非盟使团团长刘豫锡表示，中国欢迎在建立自由贸易区方面取得进展，支持非洲推进互联互通，并愿与非洲共同推动自由贸易体制。

"不受阻碍的贸易和设施连通性是中国和非洲共同建设'一带一路'的核心内容。"刘豫锡说。他还补充说："双方有望通过发展自由贸易区和建立更紧密的经贸关系，推动'一带一路'合作。"

中国连续10年成为非洲最大的贸易伙伴，在非洲大陆累计投资超过1100亿美元。

近年来，"一带一路"建设取得了积极成效。中国与39个非洲国家和非洲联盟委员会签署了谅解备忘录。与中国的合作大大推动了非洲的经济和社会发展。

中国在2013年提出的"一带一路"倡议是指丝绸之路经济带和21世纪海上丝绸之路，旨在建立连接亚洲与欧洲、非洲及其他地区的贸易和基础设施网络。

AfCFTA协议上个月得到了22个国家的批准，达到了生效的最低门槛，并将于5月30日生效。它为世界上最大的自由贸易区奠定了基础。参与国家覆盖超过12亿人口，国内生产总值超2.5万亿美元。

刘豫锡说："近年来，非洲高举联合自强旗帜，加速推进经济一体化，取得重要成果。非洲大陆自贸区协议生效，是非洲的里程碑事件。"该协议预计将通过降低关税和贸易壁垒促进商品、服务、资本和人员的自由流动，这对非洲的经济转型及提高其在全球贸易和价值链中的地位具有重要意义。

该大使表示,鉴于反全球化、保护主义和单边主义的情绪不断上升,AfCFTA将推动全球贸易便利化和自由化,并为推动开放的世界经济注入新的动力。

他强调了中国企业对中非关系发展的贡献,并表示AfCFTA将为提升双边合作,提高质量和效率注入新的活力。

刘豫锡说,中国和非洲正在实施2018年中非合作和"一带一路"合作论坛北京峰会的成果,并表示中国愿意与非洲分享发展机遇,帮助非洲加速实现工业化、城市化和农业现代化,以实现双赢的结果,共同发展。

这位中国外交官还表示,最近几个月,中美两国贸易摩擦引起了包括非洲国家在内的全世界的关注。

刘豫锡说,中国坚定不移地维护经济全球化和自由贸易,致力于建立一个开放、稳定、公平、透明的全球贸易环境,中国愿与非洲国家和其他发展中国家共同建设开放的全球经济,努力建设一个人类未来命运共同体。

推文中的新闻要素或事件关键词前加#,形成话题标签。比如:

Cooperation between # Huawei, Taiwan enterprises conducive to cross-Strait common development. xhne.ws/xx2lk [①]

#华为与台湾企业间的合作有利于两岸共同发展。xhne.ws/xx2lk

在字数允许的情况下,一般涉及地名、姓氏名等专有名词前加#。重大突发事件或者特别重要的新闻事件推文以BREAKING开始,前面加#。如:

Wearing high-heel shoes, over 500 men participate in 2019 Walk a Mile

---

① https://twitter.com/XHNews/status/1133898432010211329。

In Her Shoes event in Canada's ♯Toronto, aiming at raising awareness about ending gender-based violence.①

♯BREAKING：PNG parliament elects ♯JamesMarape as new PM xhne.ws/KYy6b ②

穿着高跟鞋,500多名男士参加了2019年在加拿大♯多伦多举办的"Mile In Her Shoes"活动,旨在提高对结束性别暴力的认识。

♯突发新闻：巴布亚新几内亚议会选举♯詹姆斯·马拉佩为新任总理 xhne.ws/KYy6b

由于大部分推文是即时消息,在写作时无需出现日期,除非日期本身具有突出意义,如"9·11"等。写作行文时态一般使用英文的现在时或者现在完成时。如必须注明日期,采用相对应的时态。

推文中可以不加消息源,消息来源非常重要时,可放在推文末尾,用冒号隔开。如：

Older women taking 7,500 steps per day have lower mortality：study③

研究表明每天走7 500步的上年纪女性死亡率低

推文中可附加相关的推特账号,以寻求互动。如：

@FedEx Corp's reported practice of rerouting Huawei parcels to the United States without the Chinese company's authorization demonstrates that the US government is leaving no stone unturned to disrupt normal

---

① https：//twitter.com/XHNews/status/1133885915942785024。
② https：//twitter.com/XHNews/status/1133927574168580096。
③ https：//twitter.com/XHNews/status/1133843856162795520。

business activities. #trade①

@联邦快递 据报道在未经中国公司授权的情况下,将华为包裹重新安排路线寄到美国的做法表明美国政府正在不遗余力地破坏正常的商业活动。#贸易

6.4 脸书新闻制作

在两大社交平台中,推特的本质是传播,脸书的本质是社交;推特中的社交是为信息服务的,脸书中的信息是为社交服务的。两者间的区别导致在新闻信息制作时,也有一些差异。

和推特相比,脸书的稿件长度限制没那么严格,一般采取图片加文字或者视频加文字的形式。但越是宽松的条件下,图片和视频的视觉冲击力及文字的鲜活程度就越重要。

案例:同一主题关于脸书和推特的文本比较,如图6-4、图6-5所示。

图6-4 脸书文本:有标题,文本较长,加上了新闻来源,无短链接
(来源:《人民日报》脸书账号)

---

① https://twitter.com/ChinaDaily/status/1133568645609738246。

脸书文本：

The discussion on the amendments to the Hong Kong Special Administrative Region (HKSAR)'s Fugitive Offenders Ordinance and Mutual Legal Assistance in Criminal Matters Ordinance was forced to suspend on Wednesday.

The discussion, originally planned to continue on Wednesday at the Legislative Council (LegCo) of HKSAR, has to suspend due to roads near the LegCo building blocked by protesters.

Cheung Kin-chung, Chief Secretary for Administration of the HKSAR government, in a video, urging people blocking the roads to return to the pavements and allow the traffic to resume. He called for the public to stay calm, restrained and leave the site as soon as possible, and not to commit any crimes.

Cheung noted that the HKSAR government has intensively explained to different circles in the past few months the aim and contents of the amendments. In response to the views collected, the HKSAR government has substantially strengthened the protection of human rights and other issues related to the amendments.

He reiterated that the bill proposed only targets fugitives who have committed serious crimes and not law-abiding people. The HKSAR government will safeguard and protect the rights and interests of the public.

The Fugitive Offenders & Mutual Legal Assistance in Criminal Matters Legislation (Amendment) Bill was tabled by the HKSAR government at the LegCo in April. The bill proposed to enable Hong Kong to conduct case-based cooperation with jurisdictions that have no effective long-term arrangement with Hong Kong on juridical assistance in criminal matters.

The HKSAR government emphasized many times that amendments to the two ordinances aim at solving two "practical problems" — to deal with a 2018 homicide case that happened in China's Taiwan but involves a Hong Kong suspect who has returned to Hong Kong; and to fill loophole in HKSAR's existing legal framework concerning mutual legal assistance in criminal matters.

The passing of the amendments will protect the law-abiding general public in the HKSAR and business activities from the threat of crime and be conducive to the business environment in the HKSAR, the HKSAR government has said.①

有关修订香港特别行政区(香港特区)《逃犯条例》及《刑事事宜相互法律协助条例》的讨论于周三被迫暂停。

原计划于星期三在香港特别行政区立法会继续进行的讨论由于抗议者封锁立法会大楼附近的道路而暂停。

香港特别行政区政府政务司司长张建宗在一段视频中,呼吁阻塞道路的人士返回人行道,让交通得以恢复。他呼吁公众保持冷静,克制并尽快离开现场,不要犯任何罪行。

张建宗指出,香港特区政府在过去数月已向各界强烈解释有关修订的目的和内容。香港特区政府回应所收集的意见,大大加强了对人权的保障及其他与修订有关的问题。

他重申,该法案只针对那些犯下严重罪行的逃犯而不是守法人员。香港特区政府将维护和保护公众的权益。

香港特区政府于四月向立法会提交《逃犯及刑事事宜相互法律协助法例(修订)条例草案》。该法案旨在使香港能够与那些与香港没有就刑事司法协助进行有效长期安排的司法管辖区进行个案合作。

香港特区政府多次强调,两个条例的修订旨在解决两个"实际问

---

① https://www.facebook.com/PeoplesDaily/photos/a.191212920930533/2522849387766863/?type=3&theater。

题":处理2018年在中国台湾省发生的凶杀案,该案涉及一名已返回香港的香港嫌疑人;并填补香港特区刑事事宜相互法律协助的现行法律架构的漏洞。

香港特别行政区政府表示,修正案的通过将保护香港特区的守法公众和商业活动免受犯罪威胁,有利于香港特区的营商环境。

图6-5 推特文本:无标题,无新闻来源,有短链接
(来源:《人民日报》推特账号)

推特文本:

\#HongKong on Wed suspended discussion on amendments to the Fugitive Offenders Ordinance due to protests https://urlzs.com/77E4K①

---

① https://twitter.com/PDChina/status/1138803136611737601。

＃香港周三因抗议活动暂停讨论《逃犯条例》修正案 https：//urlzs.com/77E4K

为了照顾读者的阅读感受，在稿件的文字超过两段时，段与段之间空一行。正文不宜过长，最好控制在三段之内。可以使用短链接充实图片稿和文字稿。

在文末添加适当的话题标签，可以引起更多的用户讨论。更加活跃的分享和讨论，是脸书社交分享的精髓。

以社交为核心的脸书，在内容提供方面需要积极与社群互动，通过一系列方式激发对话交流，包括向粉丝征集下一期视频的创意，点名感谢提供创意的粉丝，点赞并回复粉丝发布的精彩评论，通过视频直播回答粉丝亟待解决的问题，使用"邀请直播嘉宾"功能邀请粉丝加入直播，在视频或直播中加入投票，吸引粉丝积极评论，抢坐"沙发"，邀请粉丝标记好友，分享内容等。

加强粉丝交流互动的方式之一是创建小组。在小组这个专属空间内，粉丝们可以围绕共同的兴趣爱好开展深入且有意义的讨论。小组可用于收集反馈、激发创意，同时也为铁杆粉丝交流互动提供了一种途径。在创建或设置小组时，有一系列技巧拉动活跃度，比如采用妥当设置，开启成员资格审核或帖子审核，营造一种安全的社群成长氛围；规则明确，在规则专区清楚说明小组的各项规则，以便小组讨论紧扣主题；邀请新成员加入，通过"猜你想邀"版块邀请主页粉丝加入小组；欢迎新成员，向他们提问或邀请他们做自我介绍；与成员互动并提供福利，评论成员的帖子、提问、标记小组成员以及直播都是不错的方式。

此外，内容制作中还需要考虑设计例行话题，考虑每周例行发布一篇帖子并将其打造为小组的一个主要话题，持之以恒并努力激发讨论。同时重视查看分析数据，使用小组分析工具，获取关于粉丝的宝贵分析数据。

在对外传播中，让用户看到脸书上发布的新媒体内容是落地的关键，几个要点有助于确保用户搜索到发布的内容：添加准确的描述性标题以及相关说明，方便粉丝了解文章和视频内容；制作引人注目的缩略图，因为这是粉丝首先在搜索结果中看到的，上传视频时，点击"添加缩略图"即可从视频中选择画面或上传自定义的图片；添加视频标签，确保标签准确反映视频内容，虽然观众不会看到这些标签，但借助这些标签，脸书可以让视频更容易被发现。

提升社交发现率，还可以积极主动地推广视频，提升新媒体产品知名度。可以邀请粉丝与好友分享内容，在往期相关的热门视频的评论中分享新视频，跨平台推广内容，以此吸引其他平台的粉丝前来观看。

6.5 优兔新闻制作

优兔以视频传播为主，视频包括有解说的视频稿件和无解说的现场画面视频稿件。有解说的视频要吐字清晰、节奏明快，无解说的视频以现场直播和突发事件为主。

视频制作，脚本先行。视频需要配有简单文字脚本，一般不超过 100 个英文单词。文字脚本要简洁、准确、客观，避免使用过激语言，可适度使用网络热门语言。

比如，少林寺和尚表演功夫的一条视频（图 6-6），在优兔上获得超过 1 400 万的播放量，其视频表述为：

> A monk from a Shaolin Temple in southeast China's Fujian Province recently ran across the surface of a water reservoir for a total distance of 118 meters on Sunday. Footage of his amazing performance went viral shortly thereafter.①

---

① https：//www.youtube.com/watch？v = 7qHL2PSpecI。

新媒体对外传播内容制作

图 6-6　少林寺和尚表演功夫
（来源：新华社优兔账户）

周日，中国东南部福建省少林寺，一名僧人跑过一个水库的水面，总距离为 118 米。他表现如此惊人，视频很快就火了起来。

视频的标题首字母大写，可采用网络流行语，尽量少用缩写，使用一般现在时为基准事态。独家视频标题前标注 EXCLUSIVE，现场直播标注 LIVE，无解说现场视频标注 RAW。

视频的长度没有明确规定，根据内容取舍，但一般来说时长控制在 45 秒到 3 分钟之间，比较受欢迎。

当开设优兔的频道后，要持续制作和发布高质量的内容。不管视频有多少观众，如果不能持续上传高质量视频，就会流失订阅观众。而将视频分享给其他人，意味着会获得更多订阅观众。制订一个定期发布计划，评估在设定时间内可以完成多少视频的制作,不要设定不现实的目标。优兔发布的视频中有些类型更受欢迎,从数据分析中发掘流行趋势,并应用于自己的视频制作中。

  最后,要注意视频的版权权限和使用范围,确保视频中所含画面、音乐和标识等没有侵权隐患。

>>> 7 新媒体对外传播的用户运营

在过去的媒体环境中,看报纸和期刊的人是读者,听广播和看电视以及浏览网页的人统称为受众。在新媒体时代,当在智能设备上下载了新闻客户端,或者在社交媒体上关注相关媒体后,以往的读者和受众就变成了用户。如果说读者是可以引导的,受众是需要服务的,那么用户就是上帝了。新媒体对外产品的打造围绕用户的需求展开,如果得不到用户的关注,做出的新媒体产品就是失败的。

7.1 用户吸引和留存

一个成功的对外传播新媒体,一定要有人看,有人爱看,有人想主动看。因此如何吸引用户并留住用户,让他们在使用过程中形成产品依赖是工作的出发点。

1. 靠精确度吸引用户

人们经常能看到在街头或者超市里摆个小摊子,扫码下载某个 APP 就送瓶饮料之类的地推活动,这就是最简单粗暴的用户吸引方法。对外新媒体由于跨境传播的特殊性,并不适用这种广泛使用的地推方式。其用户来自线上,用户吸引的主要活动也都在线上，O2O(线上到线下)的活动作为适当的补充。

那么如何吸引用户呢？首先要回答的问题是哪些人是精准的用户。对市场进行调查，准确把握用户群体是新媒体产品建立的基础，可以帮助开发者精准地制定策略。对外新媒体的用户和国内媒体不同，面向的并非是一般大众传媒的受众，而是对中国感兴趣的外国人。这些人在大学、研究所、企业界相对集中，需要了解中国的相关信息，并知晓中国在一些国际问题上的立场和观点。因此在一些和中国有关的会议和论坛上，可以针对他们进行重点线下推介。而且这些人构成了对华的舆论领袖(KOL)，他们的使用和援引，也会带动周围人群使用新媒体对外传播产品。

针对这些对中国有兴趣、有影响力的人群开展线下活动效果好，但用户吸引的规模有限，成本也较高，因此更常规的用户吸引工作仍在线上展开。而在线上，则需要首先与分发渠道相适应。以客户端为例，目前主要渠道包括苹果 iOS 分发和 Google Play 分发两大类。在上线时要重视搜索优化，用户在 APP Store 上搜索相关关键词，可以快速呈现 APP 名称。

在所有分发渠道中都有产品描述的内容，这一文案是在被用户搜索后，进一步了解产品的关键部分。在对外新媒体的 APP 产品描述中，突出和中国有关的因素和本身的新闻属性，是吸引用户的关键。下面比较《人民日报》、新华社、CGTN 和《中国日报》在海外 APP 商店中的描述。

《人民日报》APP，如图 7-1 所示。

产品描述(译文)：

作为中国最重要的报纸之一，《人民日报》将用其英语 APP 来讲述中国的故事并更好地与世界沟通。

在这里阅读中国。我们的目标是提供可靠和原创的政策解释和分析，以帮助我们的用户了解不断发展的中国。

在我们全球团队的打造下，英语 APP 成为一个量身定制的国际事务一站式信息平台。

新媒体对外传播内容制作

图7-1　安卓商店《人民日报》APP介绍

该APP的主要功能包括：

热门新闻

最新的头条新闻

视频

在这里探索新闻，独家采访和有趣的功能

BRNN（"一带一路"新闻合作联盟）

您需要了解的有关BRNN的所有信息

中国

重新发现中国

7 新媒体对外传播的用户运营

生活

传递历史时刻

服务

必须知道在中国生活、学习和工作的信息

你好"小冰"

体验 AI 的魅力

新华社 APP,如图 7-2 所示。

图 7-2 安卓商店新华社 APP 介绍

产品描述(译文):

新华社 APP 是新华社的英文移动门户,是全球人民更好地了解中国的重要平台。

作为具有全球影响力的中国国家新闻机构,新华社建立了全球新闻采访网络和多媒体、多渠道、多层次、多功能的新闻发布系统,使新华社能够提供全面的新闻服务,包括有线服务、报纸、杂志、电视、经济信息、互联网和新媒体产品。新华社以文字、图片、图表、音频和视频的形式提供全天候英语新闻服务。

以"连接中国,走向世界"为核心愿景,新华社 APP 依靠新华社的首发和原创英语新闻资源以及精心挑选的信息、全天候的报道更新服务我们的全球用户,讲述中国故事,全面、及时、客观地报道世界事务。

我们更具权威性。在中国国内以及约 180 个海外分社,新华社 APP 以英语提供大量第一手中国和世界新闻。除了传统的文字、照片和视频产品外,新华社 APP 还将提供更多创新的 VR、AR 和 AI 产品。该 APP 还通过全面使用最新的移动网络技术,提供现场直播新闻和独家直播新闻报道。

我们更了解我们的用户。新华社 APP 是中国首个为用户提供智能推荐服务的主流媒体应用。通过构建英语媒体数据库,实现了这种高度个性化的服务。

我们涉及更有趣的主题。为迎合来自世界各地的读者,新华社 APP 提供几乎所有类型的中国和世界新闻,涉及政治、文化、商业和经济、科学、技术、社会、体育、娱乐、时尚、健康、生活方式等方面,进行深入报道和分析。

我们提供的不仅仅是新闻服务。中国从未如此接近世界舞台的中心,一个急剧变化的世界也越来越渴望更多地了解中国。因此,新华社 APP 的关键使命在于介绍中国的经验,阐述中国的建议,提供中国的解决方案,并与世界其他国家分享中国的智慧和机遇。

新华社 APP 不仅在内容上,而且在外观上都是最好的。其简洁优雅的外观作为友好的界面,主题演讲将国际化风格与中国色调巧妙地融合在一起,而 APP 的内容则以列表和屏显的形式呈现。

新华社 APP 是您的"中国之窗"。

CGTN 的 APP,如图 7-3 所示。

图 7-3　安卓商店 CGTN APP 介绍

产品描述(译文):

这是新的国际媒体机构中国环球电视网(CGTN)的官方 APP。

它是由国家电视台中央电视台(CCTV)于2016年12月31日发布的。

我们相信什么

我们相信世界正在发生变化,我们生活在一个多极世界,但许多人仍然从同一来源获得新闻。

在CGTN,我们覆盖全球,从中国的角度报道新闻。我们的使命是更好地了解世界各地的国际事件,跨越大洲并为全球新闻报道带来更加平衡的观点。

最终,我们认为事实应该说明一切,并致力于中立、客观的报道。

CGTN为您带来

- 爆炸新闻
- 独家故事
- 全面覆盖
- 深入分析

囊括世界上最多的新闻

功能包括:

- 推荐阅读
- 分类报告
- 图片和视频中的热门故事
- 自定义推送
- 自动刷新
- 高级搜索
- 收藏夹列表
- 和朋友分享
- 更轻松地访问推特、脸书、优兔、微博、Instagram、Tumblr、Google+上的社交媒体平台

CGTN:看到差异

《中国日报》APP,如图 7-4 所示。

图 7-4　安卓商店《中国日报》APP 介绍

产品描述(译文):

《中国日报》APP 是您关于中国英语新闻的首选。

《中国日报》是中国最大的英语媒体集团,是高质量英语新闻内容的首选来源,包括突发新闻、直播、视频、评论和深度报道。该 APP 还有一个双语频道,能让用户阅读英文或中文新闻。

立即下载 APP,您可以:

-通过移动设备随时了解中国和世界各地的重大新闻;

-通过订阅推送通知绝不会错过任何大事;

-自定义您的新闻源,并选择中国版或国际版;

-在双语频道中阅读英文或中文新闻;

-使用人工智能驱动的新闻机器人轻松找到符合您兴趣的标题;

-收听音频新闻;

-观看视频和直播;

-如果您想在中国旅行、学习或工作,可以获得所需的一切;

-通过阅读、分享、点赞和评论文章来获得礼物和其他奖励;

-使用内置的英语词典来帮助阅读。

我们重视您的反馈。如果您有什么要分享的,请发送电子邮件至APP@chinadaily.com.cn。

如果您正在使用该APP,请给我们评分和评论。谢谢!

从APP页面来说,四家的思路类似,都展示中国属性,甚至有两家还拿出了熊猫这样标志性的符号。对于用户来说,下载需要流量成本和存储空间成本,详尽的产品描述是说服他们下载的有效推动力。

将四家对外新媒体APP进行词频统计会发现,首要突出的内容是新闻,这体现了其新闻产品的属性;第二个关键词是中国,这表明了新闻的来源和立场;第三个关键词客户端是产品的展现形式;第四个关键词英语则是信息载体。排名前四位的关键词,有效解释了对外新媒体传播吸引用户的重点所在。

此外,为了帮助海外用户在应用商店里高效搜索到新媒体的客户端,在预设搜索词时进行多项备选,除了以上常规检索词外,还可以包括北京、西藏和台湾等多个涉华新闻热词。

在通过渠道对产品进行描述时,尽量多地覆盖和自身新媒体产品定位相符合的关键词,之后也要不断地维护,增加新的关键词进去。如发现下载数据显著增长,需要查找数据变化的原因,然后再查看相关关键词的变化。如果早期应用商店优化做得好,做到了相关词的覆盖,关键词优化就证明是有效的(表7-1)。

表7-1　四家央媒APP产品描述10大关键词占比

1. news	36(3.8%)	6. world	12(1.3%)
2. China	26(2.7%)	7. global	7(0.7%)
3. APP	20(2.1%)	8. media	6(0.6%)
4. English	13(1.4%)	9. reporting	6(0.6%)
5. xinhua	13(1.4%)	10. users	5(0.5%)

在吸引用户方面,借助热点进行推广也是很好的方式。目前世界越来越关注中国,新媒体对外传播方面,中国媒体在获取国内信息方面有着天然的比较优势。借助重点事件的权威发布,热点新闻事件、节日等话题,结合产品或内容,不断跟进,优化相关产品,可以有效吸引用户关注和使用。

此外,和其他相关各方进行合作推广,比如从手机生产商的硬件入口处进行应用程序预装,和孔子学院联合进行对外汉语教学,进行精准的广告投放等,都有助于对外新媒体应用接触到更多的用户。

2. 以服务提高用户留存

在新媒体的制作和传播中,技术后台有着精准的统计能力。在用户数据方面,最直观的指标就是留存率。

某段时间内的新增用户,经过一段时间后,仍继续使用APP的被认作是留存用户,这部分用户占当时新增用户的比例即是留存率。日留存率能够快速判断APP黏性,周留存率能判断APP用户忠诚度,而月留存率有助于了解APP版本迭代效果。而要提高综合留存率,就要在以下几方面下功夫。

第一,创造信息刚性需求和互动。

提高用户留存率是新媒体对外传播的硬指标。留住一个旧用户的成本,要比发展一个新用户低得多。而且如果不能有效留住用户的话,那么吸引用户的工作也是竹篮打水一场空。

要留住用户,重要的是为用户制造信息刚性需求,增加其黏合度,并为用户提供优质信息服务,增加互动。新媒体对外传播的产品内容再好,如果不能吸引用户参与,不能满足受众的评论和互动需求,其吸引力就会很有限。

在新媒体对外产品制作的过程中要有意识地突出吸引海外受众参与讨论互动的"话题点",引入交互式的新闻信息服务模式,与受众建立良好的互动关系,充分调动受众的参与度,进一步提高新媒体信息产品服务的双向性和互动程度。多从用户那里了解新媒体对外传播的应用可以为他们做些什么,哪些方面可以做得更好。用户可能会喜欢指导应用程序的未来版本和功能,这样很有成就感,而且因为有参与的过程,会对 APP 更加认可。这个办法可以在日后的 APP 版本中让更多用户回归。

当然,交流互动要适度。在征求用户的反馈时,保持适当的平衡是很重要的。获取用户反馈是与用户最直接的接触,过程中也最容易使用户建立起对品牌、产品或团队的认知印象,所以好的用户反馈体系是用户体验的加分项。很多应用程序都过度使用了推送通知和应用内评论请求,事实上,让用户更容易交流,并围绕应用来做出反馈才是关键。

第二,个性化、差异化的推送。

一般来说,新媒体对外传播的用户的满意度和忠诚度并不高,为改善这一现象,就要在用户偏好的深度开发和个性化服务方面下功夫。通过数据分析,根据海外受众碎片化、多元化的需求,积极开展人性化、精细化和定制化的新闻信息服务。开展个性化的推送服务,深入挖掘用户的潜在需求,根据其偏好来推送与其关联度高的新闻信息和服务信息等。

比如,可以对新媒体产品的精确数据进行深度挖掘,分析受众的地区分布、年龄分布、高低峰时间、流量分布、点击次数等,不断总结受众特征,为每个用户建立数字化的阅览档案,从而制定出有针对性和个性化的推送方案,在不同的时间和地点进行点对点传播,让不同的受众群体对个性化的内容产品产生信任和依赖。

第三,增强"弱工具"属性。

新媒体对外新闻制作应尽力从对社交媒体的路径依赖中摆脱出来,自建渠道,打造自己的应用程序。对大多数人来说,手机中有了新闻聚合平台,再有一两个新闻类的应用程序就足够了,这就造成众多新闻机构不得不过独木桥争抢有限名额的局面。

对于从事新媒体对外报道的媒体来说,形势会更困难一些,因为不仅要和同行竞争,还要和国外的本地媒体竞争。在新闻领域本地媒体有"Lucky Media"(幸运媒体)的称号,由于有先天的贴近性和历史传承,人们更倾向于将手机空间留给本地的应用程序。而对外传播媒体的应用程序,严格说很难成为国外用户日常获得信息的主渠道,更多属于工具性应用,在用户需要查阅相关信息时才会打开。

当然,从目前的情况看,对外传播类新媒体应用程序的首要吸引力还是打"中国牌",随着中国国际影响力的不断增大,在需要查阅中国立场的频率越来越高的情况下,对外传播应用有机会完成从工具类向新闻信息类的升级,而这也是目前努力的方向。

为了能让 APP 用户留下,提高用户黏性,可以适当地采用一些方法来让用户有满足感,比如 APP 积分、商品兑换、抽奖、获得优惠券、给予荣誉称号、提升成长级别等。再比如当 APP 用户完成分享后会得到红包奖励,这对普通用户也有很大吸引力。

7.2 用户生成内容

在新媒体内容提供方面,主要分为专业生成内容(PGC)和用户生成内容(UGC)两大类,两类各有其优势和劣势,新媒体对外传播要努力将两类进行融合。

1. 接受用户生成内容

传统媒体提供的内容属于专业生成内容,而用户生成内容则主要集中在平台类产品上,比如脸书、优兔、维基百科或者 TikTok(图 7-5)等。移动互联为用户生成内容提供了外部条件,用户可以随时随地利用手机制作图片、视频,将自己的心情和所见所闻用手机记录下来。用户越来越习惯和喜爱自己创作内容,并即时将这些内容分享给他人,这是用户生成内容的内在动力。

图 7-5　TikTok 内容生成页面

用户生成内容引发"公民记者"时代的到来,也导致在日常新闻中,信息的源头发生了一些变化。比如,总有比专业机构更靠近信息源的公众以各种形式主动发布信息;以前的新闻线人会直接转型成网络"大 V";公关公司的力量空前强大,掌控了发布的源头;话题制造者直接发布,比如特朗普发推文。

随着对外新媒体在用户运营上下功夫,它们越来越重视用户生成内容,由单纯和单向的信息提供向互动和交互的信息发布模式转变,从用户生成内容中吸收一些有效的信息,充实自有的内容。同时,和网络技术发展、传播方式变革、媒体生态调整、受众需求变化相适应,打造多样化的交互信息发布模式,以更好地适应海外用户对新闻信息多样化、个性化的需求。

2. 用户生成内容选取

随着传播渠道的多元化,新媒体对外新闻信息产品制作的平均成本被拉低,在只要有一部手机,就能人人都在现场的时代,海量内容被生产出来,但这个问题的另一面是大量内容同质性强、角度单一化。冗余信息、虚假信息、过时信息等都通过网络广为传播。为了躲过低质量重复信息的轰炸，新闻信息产品的编辑成本在不断提升，需要经过严格审核，才能高质量地呈现用户生成的内容。

编辑制作的意义在于判断和辨别，加强策划创意、强化内容创新，在独家性、权威性和不可替代性上下功夫，大力提升内容质量，打造精品；还要顺应用户需求的变化，加大受众关注领域的信息采集力度，增强内容的丰富性，调整完善内容结构。

对外新媒体生产中用户确实能够提供一些新闻线索乃至现场的照片和视频，但后续的核查、求证、分析和评论等环节仍需遵照严谨的流程和较高的专业标准。对于用户生成的内容，一些严肃媒体在使用时有严格的标准，不会为了强调互动性和参与性就牺牲一贯的观点和立场。比如《纽约时报》久负盛名的评论版和专栏版，就与用户观点聚合平台严格区分。

为了适应用户生成内容，对外新媒体可以提供发布平台，允许用户提交现场内容，例如来自非记者的现场目击反馈、文字、视频，以及专家意见。但有些被放到平台上的内容很难进一步核实，如果在使用前联系不到上传人等，就给播发带来了挑战。例如，为了避免无法解释新闻来源，BBC 曾在使用有关叙利亚的视频时加入提示："警告：我们相信这个画面是真实的，但是由于其性质和来源，我们不能肯定。任何使用者必须在提示/脚本/字幕加入注释：'BBC 不能验证这个画面的真实性，但是基于对它的相关检查，它被认为是真实的。'"

此外，新媒体平台对用户所提供的数据的保存和发表负有一定的责任。通常平台管理员会对用户生成内容进行审核，包括是否违反当地法律与网站的规定，用户提供的内容是否侵犯著作权，是否包含有冒犯性的内容等等，在有些国家也包括有关政治的审查。在对外新媒体产品的传播中，对于用户生成内容严格执行先审后发的工作流程，对评论区也要进行严格管理，以防冲淡主题。

7.3 用户分发内容

让用户生产的内容抵达对外新媒体用户手中,在编辑流程后还需要经过分发的过程。

1. 打通用户、内容和话题间的联系

在分发过程中需要把握三个关键词:用户、内容和话题。用户分为内容生成用户和内容接受用户,内容可以在二者间建立联系,有效的话题则能加强用户间的互动,形成第二轮的用户生成内容和内容分发。

内容生成用户将内容贡献给新媒体对外产品的素材库,然后由对外新媒体来收集、整理这大量的数据,加上标签进行分类,进入到相应的内容池中;编辑依据一套价值判断体系,筛选出值得分发的内容进行编辑分发,这些有价值的内容才会进入到平台相应的渠道分发给用户。平台必须了解当前站内的内容都是什么样的,高质量、有价值的内容是哪些,对于站内已沉淀的内容和新产生的内容都要有足够的把控力。

根据之前浏览的内容,新媒体平台会给用户打上相应的属性标签,通过算法给用户推荐与之相匹配的内容;同时由于用户之间也会产生关联,内容也可以基于用户关系进行算法分发。

话题则是对有着类似喜好的用户进行集合,对内容进行社交分发。话题通常有着较高的自由度,可以是热点,可以是琐事,可以是感想,这保证了较高的信息流通性和用户活跃度,常常被用来打破圈子之间的信息封闭。通过一个个话题,新媒体对外平台可以高效获取大量同类型内容,有利于进行二次加工和分发。

2. 人工分发补齐算法不足

一般来说,只要涉及数据处理,算法分发的效率一定高于人工,从新媒体产品的点击率上能明显看出差别。因为算法可以根据用户的兴趣进行分发,将用户想看的东西送上门去,诱导其点击。但也正因如此,会导致"标题党"

和同质化内容泛滥，也会导致用户陷入阅读孤岛。比如单纯靠算法推荐，中国"嫦娥二号"探月工程取得突破与天津港爆炸等灾难性事件比较的话，"嫦娥二号"获得的推荐要少得多。但探月工程取得突破反映了中国科技进步的重要意义，在对外报道方面需要进行更多人工干预和分发，不能只依赖算法推荐。

特别是在热点事件上，算法有天然的弱势。因为算法判断热点，需要根据用户点击率来计算。点击的提升需要一个过程，往往会持续 15 分钟或者更长，但编辑可以在很短时间内对热点形成判断。对外新媒体在报道重大突发事件上，需要更多人工介入，这样才能让用户获得更及时和更优质的内容。

需要明确的一点是，对外新媒体用户分发内容的初衷并非让人们看更多的内容，而是给用户做减法，让他们在有限的屏幕时间中看了分发内容后不必再看其他类似内容。以 AI 和大数据驱动的内容制作会比用户自己更了解自己的阅读偏好，通过大数据来对用户进行画像，能带来更加精准的需求匹配，将传播的中间环节打破，再次提高整体对外传播效率。

8 新媒体对外传播的人工智能应用

人工智能(AI)越来越多地运用在新闻领域,也改变了新媒体对外报道的形式。

8.1 人工智能的角色体验

越来越多的人工智能出现在新媒体新闻制作领域中。将人工智能运用在新闻采集、生产、分发、接收、反馈中,可以全面提高舆论引导能力。

1. 人工智能新闻应用范围不断扩大

最初的人工智能在新闻领域的应用主要集中在数据自动采集领域,财经和体育新闻使用最广,比如赛事比分和股市收盘等数据新闻可以自动抓取生成。

案例:French stock market drops 2.01 pct on Monday(《周一法国股市收跌2.01%》)就是一条典型的数据自动采集新闻。

正文:

The French stock market benchmark index CAC 40 dropped by 2.01

percent to close at 4,711.54 points on Monday, down 96.68 points.

The CAC 40 closed with 38 of the 40 selected companies experiencing decrease.

The only two gainers on Monday were Alstom, up 0.23 percent, and Pernod Ricard, up 0.05 percent.

The three companies whose stocks dropped most on Monday were BNP Paribas, down 4.24 percent, Societe Generale, down 3.78 percent, and AXA, down 3.26 percent.

In the previous trading day, the CAC 40 closed with a slight decrease of 0.57 percent at 4,808.22 points, down 27.34 points.

法国股市基准CAC 40指数周一下跌2.01%,收于4,711.54点,跌幅为96.68点。

收盘时CAC 40选定的公司中有38家下降。

周一仅有两家获得上涨的公司阿尔斯通和保乐力加,涨幅分别为0.23%和0.05%。

周一股价跌幅最大的三家公司法国巴黎银行,下跌4.24%;法国兴业银行下跌3.78%;安盛则下跌3.26%。

在前一个交易日中,CAC 40收盘微跌0.57%,报4,808.22点,跌幅为27.34点。

在这些相对格式化、以数据为核心内容的新闻中,记者编辑们先准备好相对固定的模板,其中的时间、地点、数据等变量可以随时由爬虫软件获取的最新数据所代替,从而生成最新的报道。比如在《周一法国股市收跌2.01%》这样的消息中,机器只要在收盘时识别不同的日期、上涨或下跌的幅度以及每天涨幅和跌幅最大的三家公司就能自动形成报道,在时效性和准确性上比人工导入导出更好。

随着技术的发展,现在人工智能可以做的事已经不仅局限于写出固定模式的稿件。2017年年底,新华社发布全球媒体首个人工智能平台"媒体大脑",提出建设智能化编辑部。人工智能在新闻领域的应用场景不断扩大,在技术引领的新媒体领域中表现尤为明显,渗透到生产、分发、反馈等各个环节。大数据、云计算、智能搜索、语音识别、图像识别等技术应用,强化"人机协同",大幅提升新闻传播的工作效率,推动新闻生产全产业链条变革。2019年新华社为每个记者配备了新闻雷达(NewsRadar),帮助寻找有价值的新闻线索,关注突发事件及新闻热点。新闻事件发生后,新闻雷达15—30分钟即可获取来自微博、微信公众号、APP、数字报等的新闻线索,并从百万级数据中整理抽取出最新最热的新闻信息,推荐本地热点、突发事件,记者编辑也可订阅新闻分类、来源,订制专属新闻雷达(图8-1)。

图8-1 新闻雷达截屏

未来,人工智能的影响将更加深远,涉及语音文字转换、图像甚至语言处理,以前完全由人参与制作的新闻开始出现由机器完成的版本。2018年11月7日,新华社发布全球首个以男性为模板的AI合成新闻主播(图8-2)。AI合成新闻主播是通过提取真人主播新闻播报视频中的声音、唇形、表情动作等特征,运用语音、唇形、表情合成以及深度学习等技术联合建模训练而成。该项技术能够将所输入

8 新媒体对外传播的人工智能应用

的中英文文本自动生成相应内容的视频,并确保视频中声音和表情、唇形保持自然一致,展现与真人主播无异的传达效果。

图 8-2　AI 合成新闻主播

(来源:新华社)

2019 年 2 月 19 日,新华社又推出全球首个 AI 合成女主播。AI 合成主播依靠"分身技术",合成效果和稳定性也显著提升,仅靠少量用户真实音频数据就能快速定制出高度逼真的分身模型。合成主播可以直接将文字稿转化成口播新闻,在播报外文稿时,无需主播有外语基础,大幅降低跨语种播报的门槛,降低融媒体产品制作成本。

2. 编辑记者如何应对机器挑战

机器能够理解所有文本的时刻正在到来,对于媒体来说,其影响深远程度不亚于互联网诞生的革命。过去 100 年中,新闻只是在使用工具和呈现方式上逐渐使用了一些新技术,而在文章的创作上,现在的记者们仍和上个世纪拿着钢笔写文章的奥威尔没什么区别。新闻依然是很个人化的产品,这种手工作坊式的生产方式,不但与信息化时代脱节,甚至和工业化大生产也有一定距离。

人工智能出现会将新闻的生产能力几何级数提高,虽然会砸掉一些从业者的饭碗,同时也逼着记者"进化"。2016年5月,英国《金融时报》曾组织过一次资深记者萨拉·奥康纳和人工智能写作机器人爱玛的写稿实测比赛,在同一时间撰写一篇有关英国官方就业数据的文章,然后把文章递交编辑做匿名评审。机器人12分钟就提交了文章,机器人的文笔比预期的要好,列举的事实正确,甚至包括相关背景,例如英国脱欧对就业的影响。记者虽然完成文章用了35分钟,但优势是能从枯燥资料中提取有新闻价值的内容。比如,尽管机器人准确指出了失业率不变,但忽视了求职者数量出现近一年来首次增加,而记者则显示出了对数据分析的敏感性。①

《金融时报》进行的写稿比赛让一些新闻从业人员稍感放心,而且新媒体的内容制作比起单纯文字更复杂一些。从事人工智能开发工作的多数人承认,程序不会很快淘汰人类。尽管如此,人类和机器执行的新闻工作的界限开始变得模糊。

首先,对于一些新闻制作环节来说,AI介入可以减轻编辑记者工作量,至少一些初级工作可以交给以速度取胜的人工智能完成。比如,类似爱玛的一台机器人可以就重复性的数据发布编写报道初稿,然后发送给人类编辑做成新闻并修饰语句。搜集资料、整理数据、核查事实、版面校对等,这些工序也可以大部分交给AI,让编辑记者能将更多的精力用于创意和创新环节。在这种分工里,机器没有淘汰记者来制作新闻,而是取代了人类工作中乏味的部分,使记者能把更多时间花在更有价值的工作上。

这种分工看上去类似建筑工人和起重机之间合作双赢的关系,但现实可能没那么美好。对于不少人来说,人工智能只花三分之一时间制作出的新闻已经足以满足人们对信息的全部需求,这会让很多之前人们引以为傲、精雕细琢出的作品逐渐演变为"新闻奢侈品"。而且随着机器学习能力的增强,记者们制作出的每一条稿件都会被当作人工智能继续成长的"语料"。记者积

---

① 萨拉·奥康纳:《机器人与记者比赛写稿子》,英国《金融时报》,2016年5月11日。

累多年经验的成果在几秒中就被机器学会,在新闻制作领域,记者和人工智能的僵持线可能会不断向人的一方移动。

其次,人工智能的进步,也在逼迫对外新媒体记者和编辑不断进化。对于对外新媒体采编人员来说,由于涉及的新闻素材量大,制作时效性强,因此在工作中需要养成良好的工作习惯,才能在紧张的流程中避免被虚假信息误导。

作为信息处理者,编辑记者们普遍认为自己知道的比一般读者要多,但却不能因此就觉得自己无所不知,否则就已经临近出现错误的边缘。记者编辑要保持好奇心,避免路径依赖,勇于提出问题。尤其是针对对外传播的对象国,应深入了解其读者的文化背景和阅读偏好,还要尽量扩大国外信息获取范围,丰富新闻来源。

8.2 人机结合场景分析

从神经元的数量上来说,截至 2019 年,全球最出色的人工智能的水平也只和一只蜜蜂相仿。有多少人会在举行对外新媒体的选题会时,耐心倾听一只蜜蜂的建议呢？在类似摩尔定律的加持下,人工智能取代人仍是一个漫长的过程,因为媒体报道是一个主观性很强的领域。

但也不能就此小看人工智能发展的速度,人工智能跟人类争普利策奖的情况其实早在 1988 年就发生了。《大西洋月刊》记者比尔·戴德曼在电脑帮助下检索梳理了海量的住房按揭数据,写出系列报道揭露其中的隐形种族歧视,作品获当年普利策奖,这也部分可以算作机器获奖。之前的人工智能在新闻中的应用是数据分析整理,然后用自然语言程序组合成文,现在人机结合能在多方面展开。

1. 提高新闻制作效率

在数据量很大或很复杂的情况下,人工智能作为一种突破性工具,其超强的计算能力可以提供数据聚合的特征,或按照时间、地理或人口统计分组。

新媒体对外传播内容制作

此外，它还能快速识别离群数据。人工智能的这一功能使其完全适用于标准的新闻编辑流程。

和传统的新闻制作方式相比，在人工智能的帮助下新媒体制作可以节约高达20%的时间，这样记者和编辑可以专注于内容并将更多时间花在他们的核心专业技能上。比如像Trint或Recordly这类语音到文本的转录工具，可以让记者的工作变得如此简单，而不是花费数小时来抄录访谈录音。像Clarifai、Vidrovr等公司正在使用计算机视觉技术来自动识别照片中的内容，对其进行标记并找到类似概念的素材，从而加快图像编辑器的工作流程。

未来抢独家消息的趋势是通过机器学习技术，识别、发掘出人类单凭自己的大脑难以捕捉到的重要事实和真相。

新闻自动化还能进行目标定制，比如关于上海合作组织峰会主题的新闻，机器人写手可以生成面向中国读者、俄罗斯读者或其他国际读者群的不同版本。人工智能还能在云端写出比本地记者更接地气的新闻报道，或者把一条枯燥乏味的消息变成热搜榜上受到关注的新闻。

2. 让新闻更准确

人工智能能帮助记者去伪存真。比如美国总统特朗普以喜欢用推特而出名，而在社交媒体上也有各式各样假冒特朗普的推文。对于新媒体作者来说，能从推特上直接获取美国总统的第一手信息自然是好的，但除了要紧盯特朗普的官推外，核实每条推文的准确性却是一件耗时费力的工作。而且让情况更复杂的是，即使在特朗普的官推下，有些是美国总统自己发的，有些也是助手完成的。具体哪条更符合美国总统的本意，这也需要编辑人员琢磨。

这类核实工作可以交给人工智能完成，相关智能程序利用机器学习和自然语言处理技术，把特朗普新发的推特文字跟数据库中的文档资料对比，然后做出比较肯定的判断。机器算法找到的那些最有助于分辨一则推特信息出自特朗普之手还是工作人员之手的线索，大部分不是文字，而是特别的拼写和标点符号。比如，特朗普发的推特更频繁出现自己的推特名

"@realDonaldTrump"(图8-3),更喜欢用"媒体"这个词,但显然不爱用"♯",而工作人员代发的推特文中这个符号更多。

图 8-3　特朗普推特页面

3. 有效管理评论区

新媒体评论区编辑与传统媒体处理读者来信和来电的编辑角色类似,但在阅读工作量和回复速度方面有更高的要求。新闻机构希望鼓励与其内容相关的参与和讨论,但要筛查数以百万计的评论,甄别其中的恶意挑衅或辱骂言论,需要耗费大量人力以及时间。其结果是,有些新闻机构在不得已的情况下只能彻底关闭评论功能,但这不是理想的解决办法。

谷歌 2017 年推出了一款名为 Perspective 的软件,用于审核网站和客户端上的恶意或者极端主义的评论,以简化人工审核。《纽约时报》《卫报》《经济学人》等新闻机构都在使用该软件。① 审核软件的算法基于学习数十万条在维基百科和新闻网站上被人工审核者贴上"有毒"标签的用户评论,通过搜索对比在

---

① 《谷歌推出人工智能工具助新闻媒体筛查恶意言论》,第一财经客户端,2017年2月24日。

线评论与被贴上"有毒"标签的评论的相似度,或这些评论使别人离开对话的可能性,对评论区的内容进行打分。机器可以帮助更快地甄别辱骂评论,以便找出那些有争议的内容进行人工审核,这样可以大大减轻评论区编辑的工作量。

《纽约时报》运用 Perspective 机器学习技术来过滤新闻报道的评论数量,大大提高了工作效率。此前《纽约时报》每天安排 14 名审查员处理约 1.2 万条评论,每篇文章下方的评论有 20% 是打开的。运用该 AI 工具后,其可以把有害的评论和健康正确的评论阻隔开来,不仅可以减少评论人员 25% 的工作量,还能将文章下方的评论区的打开率提升至 80%。《纽约时报》计划利用该 AI 工具,建立一个平台,以便审查员和读者进行更加深入的交互。不过,这其中仍然存在一大挑战,即如何建立共同点,且尊重不同的观点,让新闻报道和读者区域的观点保持一致。通过这一机器学习工具,审查员不仅可以提高处理评论的速度,还可以通过预测模型轻松组合相似的评论。

8.3 应对深度造假

识别假消息,是新媒体对外传播面临的最严峻挑战之一,这种挑战已经无时无处不在。目前人工智能能写数据稿件,能播报新闻,还能自动剪辑生成视频,既能按照用户的阅读偏好从无到有制造出假新闻,也能在识别新闻造假方面发挥作用。

1. 深度造假对传播提出新挑战

假新闻指的是故意制造的完全错误的信息、图片或视频,旨在误导他人。制造假新闻的具体手段包括篡改信息、图片或视频,以及分享老照片但声称是新照片等,其要达到的目的既包括没有恶意的讽刺或改编,或愚弄他人,有些也有特定的政治或经济目的。一般来说,新媒体时代制造谎言的成本低廉,夺人眼球的谎言是点击量和广告收入的可靠来源。

在新媒体对外报道中,要对假新闻做到严防死守,因为一旦误发,就会造成真正的"国际影响"。在这方面美联社有过惨痛教训,2013 年 4 月 23 日,美联社的官方推特曾发出一条突发新闻(图8-4)。

Breaking：Two Explosions in the White House and Barack Obama is injured.

白宫遭遇两起爆炸，奥巴马总统受伤。

图 8-4 美联社官推上有关白宫爆炸的假新闻

(来源：美联社)

这条消息虽然很快被证明是假新闻，但在被删除前的三分钟里，美国股市应声下挫近 1%，市值损失超过 1 300 亿美元——相当于这条 11 个单词组成的假新闻每个词价值超过百亿美元。

假新闻产生由来已久，但在新媒体时代却有了极大的空间，以往的假新闻都经过精心的编排，现在冒出的谎言则混乱无序。假新闻制作与传播的门槛也大为降低，现在任何拥有脸书或者推特账号的人都有机会做到。

人工智能技术的进步意味着有可能创建全部由机器合成的视频和音频，也就意味着可以制作公共人物或社会名流的假视频，显示他们在现实生活中

新媒体对外传播内容制作

不可能出现的言行举止,这类新媒体产品被称为深度假新闻。

深度假新闻会催生暴力。特别在一些国家,人们对数字资讯的分辨力较低,制度更为脆弱,错误资讯的兴起造成了一场迫在眉睫的危机。比如印度有超过2 000万即时通讯软件WhatsAPP的使用者,而价钱便宜的智能手机更成为许多印度人首次接触网络的地方,他们大多对网络上看到的消息深信不疑,网络成为假新闻发酵、传播的温床。

印度网络早前流传一条视频,内容显示一名在印度街上玩耍的男孩被一名骑电动车的男子掳走,片段引起一片哗然。但关注点不是当地儿童被掳的情况,而是印度假新闻盛行的问题。片段其实来自巴基斯坦,是一个关注儿童安全的组织拍摄的宣传片段,呼吁家长要小心自己子女的安全。但片段经剪辑后的版本,却在印度激起了有关被掳儿童的恐慌,印度政府称许多地方都有人对被怀疑掳走小孩的人用私刑。①

A 28-year-old man was killed and three others were injured after a fight broke out over a message in a WhatsAPP group.

WhatsAPP群组中的一则消息引发了一场殴斗,造成一名28岁的男子死亡,另外三人受伤。

28岁的穆罕默德·阿扎姆成为这条假消息的受害者。一个周末他与3名朋友到印度南部的卡纳塔克邦度假。到达当地一个村庄后,被当地人误认为是拐带孩子的人,虽然阿扎姆与朋友否认掳带小孩,但依旧被村民殴打,阿扎姆最终伤重不治(图8-5)。当地警方后来拘捕了22人,包括一名WhatsAPP的群组管理员。警方表示,他们删除了约20个传播此类虚假信息的WhatsAPP群组。但此举最多只起到亡羊补牢的作用,整个2017年,包括穆罕默德·阿扎姆在内,印度有10人死于这条虚假新闻引发的私刑。

---

① https://www.facebook.com/watch/? v = 10156620350992139。

图 8-5 《印度商业时报》在脸书上对于男子遭袭击的报道
(来源：脸书)

2. 智能识别假新闻

人工智能深度造假给新媒体对外传播带来冲击，要求记者和编辑提高辨别真假信息和核查验证的能力，而人工智能恰恰也能在这方面提供帮助。

理论上说，人工智能产生的稿件要比人工制作出的新闻产品错误率低，因为不会有数据方面的笔误，也不会有错别字，或者复制粘贴中的低级失误。人工智能还可以通过对海量历史内容的检索和互相验证，形成对信息来源可靠性的评判，判断某一"新闻事件"是否真正发生，甚至能依据地理位置，从周边大量个人社交媒体账号的反应判断真假。

社交媒体日益成为新闻线索的最快、最广来源，监控分析社交媒体动向和趋势的软件更是不断进步，很多技术能力强大的新闻机构纷纷自行开发相关软件，直接接入内容管理系统(CMS)。

路透社为了解决真假信息辨识的问题，采用了新的新闻追踪系统，名为 News Tracer，针对每天 5 亿则推特信息进行演算，从假新闻、不合理的新闻、广告、杂音中找到真的新闻事件。有了算法的辅助，记者可以从社交媒体的

新媒体对外传播内容制作

众多信息中脱身,把更重要的时间用来挖掘故事。News Tracer 与其他监控工具不同之处在于其模仿的是记者的思考方式,程序人员在这套演算法中植入 40 个评量指标,诸如原始帖文者的地点与身份、新闻的传播方式等,建立一个新闻可信度评分。该系统还会对记者确定的可靠的新闻来源进行交叉检查,并识别其他潜在的消息来源,这会提高新闻的准确性,识别出不实的信息,因此深受使用者好评(图 8-6)。

图 8-6　用户对 News Tracer 给予高度评价

(来源:推特)

和 News Tracer 类似,美联社的验证机器人叫 NewsWhip,负责追踪、预测社交媒体平台上的趋势。它还可以向记者提供实时或历史时段的分析结果。有了这个助手,新闻稿的数据准确性提高,错误减少,记者编辑对新闻时事的把脉更精准。

3. 人工编辑依然必要

目前，由人工智能自动生成的新媒体对外稿件，必须都要经过最后一道人工编辑签发的流程。这并不是技术上达不到直接签发的水平，人工干预的目的是进行严格的审核把关，确保新媒体新闻产品表述完整、符合规范、数据准确。近年来，在金融市场上算法主导的高频交易已经出现过至少三次算法缺陷导致的羊群效应，类似缺陷如果出现在新媒体对外新闻产品中，不但会带来经济上的负面影响，还会带来更恶劣的社会影响。人工干预要给人工智能把好最后一道关。此外，基于爬虫系统收集素材的人工智能系统在收集素材方面没有边界，人工干预可以为其找到稳定、可靠、权威的视频和音频的素材源及数据源，也可以避免不必要的版权纠纷，这样能确保新媒体产品在国际上传播得更广泛。

现在，一些对外新媒体制作方已经在使用自然语言生成（NLG）将结构化数据转换为书面故事，这种故事通常与人类作者编写的故事难以区分。有关社交网站上出现的图像内容，主要有赖于网站的自行监管，像优兔和脸书这些网站都有自己的规则，哪些内容不能上传，使用者在网站中应当怎样文明相处。不能上传的内容包括虚假新闻，仇恨、歧视或极端主义言论，以及可能危害人们身心健康的色情内容。优兔网站在世界范围内的雇员达一万人，这些人主要的工作就是删除违规视频，进一步改善各种机制和政策。

总的来说，人工智能工具可以帮助记者讲述或报道此前不切实际或技术上无法实现的新故事。虽然人工智能可能会转变新闻业，但它会辅助而不是取代记者的工作。事实上，为了正确使用人工智能技术，新媒体制作者必须随时保持机敏状态。人工智能可以辅助记者的工作，但在开放数据获取上依然存在挑战。数据的披露和使用伦理，包括如何收集、存储、使用、分析和分享用户信息，是新媒体记者和编辑需要面对的一个问题。

结语

  2011年，汤姆森路透基金会的高级讲师丽萨（Lisa Anne Essex）面对来自8个国家的记者，抛出了系列培训中的第一个问题：如果去采访，要随身带哪些设备？实践经验丰富的各国记者们迅速在一张大纸上列出一个清单：

  A：笔记本电脑（备用电源）　B：数码相机（储存卡）　C：3G无线上网卡　D：信用卡　E：三脚架（独脚架）　F：手机　G：录音笔

  在一些信号不大好的地方还要用到H：海事卫星

  本来大家都认为自己已经想得足够周全，但当时40多岁的丽萨显然考虑得更为周详，她又补充了如下物品：

  永远不可取代的 I：采访本　J：碳素笔

  以防信用卡不能使用的 K：一些现金

  防止某些情况手机定位不准的 L：纸质地图

  当时年轻的记者们对丽萨尽量摆脱电子产品依赖的想法感到有些困惑，但考虑到她从事新闻工作的前10多年里根本就没有那些设备，因此也能理解老派记者对新设备和新产品的抵触。

  如今，近10年过去了，即使那些当年自诩站在潮头的记者，现在也可能

面临被拍在岸上的命运,因为还有更多的新的设备会出现在这个清单上:

  M:无人机 N:自拍杆(OSMO) O:Gopro P:VR眼镜……

  毫无疑问,随着时间的推移,技术的进步,记者们要制作的新媒体产品种类可能会越来越多,这个设备清单可能还会增加到Z。不过,不管新媒体"弹药库"如何扩张,对于在这个行业工作的记者编辑来说,对外报道中始终需要坚持的是内容为王,始终需要练就的是对新闻事件的判断能力、重大突发新闻的应对能力,而这一切都需要在学习理论知识的基础上不断"实战"。

后记

转眼已经进入21世纪的第三个十年,这个春天有些寂静,也有些喧嚣。

一场突如其来的疫情席卷全球,给整个社会按下了暂停键。大街上少了车水马龙,厂房里没了机器轰鸣,就连全书开头时提到的世界移动通讯大会(MWC)也破天荒地停办一年。疫情迫使人们更多待在家里,工作和生活都发生了很多变化。

物理世界安静了下来,但信息传播的网络世界却前所未有的嘈杂,人们活动范围受限和信息过载的矛盾凸显出来。我们每天能在手机上看到各种泥沙俱下的消息,有时辨别真伪和分析动机所需的时间甚至会超过接受信息的时间。这种情况会让人联想:外国受众在网上看到的与中国相关的信息,会不会也是类似的情况呢?

答案略带遗憾,在新媒体对外传播中也有"劣币驱逐良币"的情况。"西强我弱"的国际传播让我们略显被动——歪曲、指责、误解的声音从未停止。在这样的时刻,作为新媒体对外传播的从业者,我们肩负着重大使命:提供真正让外国受众入眼、入耳、入脑、入心的新闻产品,发出强劲的中国声音,塑造真实、全面、客观、立体的中国形象。

后　记

　　写这本书是我们对媒体业内工作的一个总结和梳理。本世纪的第一个十年之初,我们迈出校园,进入媒体领域,从接触报纸、网络开始,又赶上移动互联网的初期,筹划创建过彩信形式的手机报和移动端网站。

　　本世纪的第二个十年之初,我们开启了驻外生涯。在国外实地采访和接触对外传播的大量目标受众,给了我们独特的视角理解和实践对外内容的策划、制作、传播。再后来,作为"新媒体狗",我们也有条件将这些体会和认识融入移动客户端、社交媒体等新新闻产品。

　　所有实践都要感谢新华社和《中国日报》给予我们的机会,感谢同事们的合作与支持。新媒体对外传播的内容制作不能单打独斗,每一个产品从策划到生产再到呈现,都是集体合作的产物。非常感谢中国外文局副局长兼总编辑高岸明先生,在百忙之中欣然为本书作序;作为对外传播领域的前辈,他是我们工作上的领路人,给了特别多的指导和帮助。非常感谢复旦大学出版社的章永宏老师,他提供了很多专业严谨的建议。

　　当写下全书的最后一个句号,回顾一年多写作和反复修改的历程,有些怅然若失。但同时我们也知道,从新媒体对外传播内容制作这个大话题来说,目前我们完成的充其量只是一个逗号。新媒体的"保鲜期"只有短短几年,好在内容制作的原则可以存留更长时间。媒介载体在飞速变化,内容制作也在不断发展,未来的新方式需要大家一道上下求索。

2020 年 7 月

图书在版编目(CIP)数据

新媒体对外传播内容制作/王亚宏,张春燕著. —上海:复旦大学出版社,2020.9
新媒体内容创作与运营实训教程
ISBN 978-7-309-15172-5

Ⅰ.①新… Ⅱ.①王…②张… Ⅲ.①传播媒介-中外关系-传播学-教材 Ⅳ.①G219.26

中国版本图书馆 CIP 数据核字(2020)第 122997 号

新媒体对外传播内容制作
王亚宏　张春燕　著
责任编辑/章永宏

复旦大学出版社有限公司出版发行
上海市国权路 579 号　邮编:200433
网址:fupnet@fudanpress.com　http://www.fudanpress.com
门市零售:86-21-65102580　团体订购:86-21-65104505
外埠邮购:86-21-65642846　出版部电话:86-21-65642845
江苏句容市排印厂

开本 787×960　1/16　印张 11.5　字数 159 千
2020 年 9 月第 1 版第 1 次印刷

ISBN 978-7-309-15172-5/G·2136
定价:40.00 元

如有印装质量问题,请向复旦大学出版社有限公司出版部调换。
版权所有　侵权必究